U0338107

“三下”滞压资源安全回收
沉陷预测预警关键理论和技术研究

秦洪岩　李　洋　著

中国矿业大学出版社
· 徐州 ·

内 容 提 要

本书主要采用理论分析、力学模型分析、数学模型分析等方法对“三下”开采的预测预警关键理论和技术进行研究。基于概率积分法，采用数学模型理论分析的方法对概率积分法进行丰富和发展，构建多工作面复杂开采条件下地表沉陷预测预警方法。应用计算机编程语言开发地表沉陷预测预警分析系统，构建库区地理信息管理系统，实现全状态下井工开采地表沉陷预测预警、采后模型直观显现和分析。并将构建的算法和系统应用于水体下多工作面协调开采、村庄下多水平开采、村庄下工作面部分充填开采、高速公路下同一水平多工作面开采的沉陷预测预警。本书成果丰富完善了地表沉陷预测预警理论、算法和分析软件系统。

本书可供从事矿山测量、勘测的技术人员参考，也可供地测工程、采矿工程等相关专业的师生参考。

图书在版编目(CIP)数据

“三下”滞压资源安全回收沉陷预测预警关键理论和技术研究 / 秦洪岩，李洋著. — 徐州：中国矿业大学出版社，2024.6

ISBN 978-7-5646-6236-3

Ⅰ.①三… Ⅱ.①秦… ②李… Ⅲ.①矿山开采—沉陷性—研究 Ⅳ.①TD327

中国国家版本馆 CIP 数据核字(2024)第 082076 号

书　　名 “三下”滞压资源安全回收沉陷预测预警关键理论和技术研究
著　　者 秦洪岩　李　洋
责任编辑 章　毅
出版发行 中国矿业大学出版社有限责任公司
（江苏省徐州市解放南路　邮编 221008）
营销热线 (0516)83885370　83884103
出版服务 (0516)83995789　83884920
网　　址 http://www.cumtp.com　**E-mail**:cumtpvip@cumtp.com
印　　刷 苏州市古得堡数码印刷有限公司
开　　本 787 mm×1092 mm　1/16　**印张** 9.5　**字数** 184 千字
版次印次 2024 年 6 月第 1 版　2024 年 6 月第 1 次印刷
定　　价 45.00 元
（图书出现印装质量问题，本社负责调换）

前　言

我国“三下”占用矿产资源储量巨大，而“三下”滞压资源回收造成的地表沉陷问题是制约经济和技术发展的一个重大瓶颈。随着社会和经济发展，城镇规模不断扩大，新矿区和新井田的建设，煤量还在不断增加，因此对“三下”压煤开采进行研究和实践，对解放“三下”资源具有重要意义。

资源回收后地表沉陷预测预警理论和技术的发展与研究意义非常重大：一是提高矿井生产效益和资源回收率，直接降低生产成本、提升经济效益；二是助力安全生产、保障生产秩序和谐，关键的预测预警对于后期维护、防控，以及可能的经济、利益纠纷等都可起到有效管控的效果，实现生产安全水平提升、促进矿区秩序稳定；三是成果对于“三下”资源回收地表沉陷预测预警理论和技术都具有促进作用，丰富现有理论体系，也开启新阶段的研究方向和研究重点，具有较高的理论和应用推广价值。

本书基于概率积分法，采用数学模型理论分析的方法对概率积分法进行丰富和发展，构建多工作面复杂开采条件下地表沉陷预测预警方法。应用计算机编程语言开发了地表沉陷预测预警分析系统，构建库区地理信息管理系统，实现了安全状态下井工开采地表沉陷预测预警、采后模型直观显现和分析，丰富完善了地表沉陷预测预警理论、算法和分析软件系统。

基于本书提出的预测预警方法和开发的分析系统，分别对水库下大平煤矿多工作面协调开采库底沉陷及水量运移规律进行预测预警分析，得到不同开采阶段的地表沉陷和变形，综合分析不同开采阶段的库区水位变化和运移状态。基于此对库区下各个工作面开采计划进行调整，提出基于库区水位运移的协调开采计划，实现库区下工作面最大限度避开水下开采的目标；对村庄下冠山煤矿井下上下层位关系的0901工作面和1001工作面不同开采顺序和条件的地表沉陷进行预测预警，将预测预警结果可视化，并与村庄地理信息复合后比对分析，得到地表沉陷全部变形值均在一级保护标准范围内；对村庄下常村煤矿S5-12工作面垮落法开采条件下地表沉陷进行预测预警分析，得到垮落法开采地表沉陷未达到一级标准，分析确定了确保地表变形在一级保护标准范围之内工作面回采方案为部分充填开采，并反演得到矸石充满率为65.8%；对高速公路下西马煤矿6个工作面全采后的地表沉陷进行预测预警，并将结果可视化，与公路地理信息复合后对比分析，公路范围内地表沉陷值超过了一级保护标准，对现有开采方案进行优化，最终在调整停采线的条件下实现了地表沉陷全部达到一级保护标准的要求。

本书提出的“三下”滞压资源安全回收沉陷预测预警关键理论和技术研究在全国3个省7个矿井得到了较好的推广和应用，有效提高了“三下”开采的安全性，解放预留煤柱超1 000万t，直接经济效益高达20亿元，取得了显著的经济效益和社会效益。

在本书编写过程中感谢杨艳国副教授等给予的支持和指导，感谢国家自然科学基金面上项目（51974125）和河北省教育厅科学技术研究项目(BJK2022067)的资助。

书中如有不妥之处，恳请广大读者批评指正。

著者

2024年1月

目　　录

1 绪　论

1.1 研究背景及内容

“三下”开采一般指建筑物、路基(公路、铁路等)、水体下矿体的开采。矿山生产过程中,“三下”的矿体通常在建筑物下、路基下、水体下预留保护煤柱,不仅造成大量矿产资源的积压,而且影响矿井生产的合理布局和接续。我国“三下”占用矿产资源储量巨大,据统计,在煤炭资源现有储量中,“三下”滞压煤约 137.59 亿 t,其中建筑物下压煤为 94.63 亿 t,铁路下压煤为 23.91 亿 t,水体下压煤为 19.05 亿 t。随着社会和经济发展,村镇规模不断扩大,新矿区和新井田的建设,实际滞压煤量远高于这一数字。因此,对“三下”压煤开采进行研究和实践,对解放“三下”滞压煤炭资源具有重要意义。

为鼓励“三下”开采,提高资源开发利用水平,《矿产资源补偿费征收管理规定》第十三条规定,依法开采水体下、建筑物下、交通要道下的矿产资源的,经省级人民政府地质矿产主管部门会同同级财政部门批准,可以减缴矿产资源补偿费。

《建筑物、水体、铁路及主要井巷煤柱留设与压煤开采规程》,对“三下”资源回收具有重要的理论指导意义。近年来,随着国民经济对矿产资源需求量的迅猛增长,开采条件好、品位高的矿产资源几乎消耗殆尽,矿产资源开发不得不向深部、残留、难采地段推进,不少矿山开始考虑回采“三下”的矿体。因此“三下”矿产资源的开采,不仅涉及资源开发的合理性和安全性问题,而且涉及正确处理矿山生产和地方经济发展之间的关系。

与一般矿产资源开采相比,“三下”矿产资源的开采技术条件更加复杂,制约因素更多。因此,综合考虑经济、技术和安全等诸方面因素,实现开采前预测预警,探索出既可以保证回采过程安全以及地表建筑物、水体和铁(公)路的安全使用,又可以最大限度地回收宝贵矿产资源的合理采矿技术,是摆在采矿工作者面前十分紧迫的研究课题。

国家对“三下”煤炭资源开采后地表沉陷量有严格要求,而复杂开采条件下

“三下”滞压煤炭资源开采后的地表沉陷预测预警一直都是面临的较大难题。基于以上现状和问题，本书确定了研究重点内容和方向，以期解决关键问题、丰富理论技术、突破发展瓶颈，为全国类似矿区矿井生产实践提供借鉴和参考。主要内容包括：一是复杂开采条件下地表沉陷预测预警算法研究和系统开发。首先，基于概率积分法，采用数学模型和理论力学模型分析，构建适用于多工作面、多水平等复杂开采条件下地表沉陷预测预警，并基于此算法，应用计算机图形学和计算机软件开发技术，采用面向对象的 Microsoft Visual C++ 2005 开发平台，开发矿山开采沉陷预测预警系统。其次，基于 ArcGIS 9.0 的 ArcGIS Engine 组件对象提供的高效的空间信息处理能力及强大的决策支持服务，建立井田地表三维数字模型，实现地表沉陷结果三维视图，并与地理信息实现复合，实现预测预警结果可视化分析。二是水体下、村庄下、高速公路下开采地表沉陷预测预警研究。基于本书构建的预测预警方法和开发的分析系统，分别对水库下大平煤矿多工作面协调开采库底沉陷及水量运移规律进行预测预警分析；对村庄下冠山煤矿井下上下层位关系的 0901 工作面和 1001 工作面不同开采顺序和条件采后的地表沉陷进行预测预警；对村庄下常村煤矿 S5-12 工作面部分充填开采地表沉陷进行预测预警；对高速公路下西马煤矿同一水平 6 个工作面全采后的地表沉陷进行预测预警。分析采后地表沉陷各变形值，判断采后沉陷是否能够达到一级保护标准。

1.2 矿山开采沉陷国内外研究现状

随着地下开采工作面的推进，采场顶板的变形过程与上覆岩层的变形过程是不同的，即采场的顶板岩层变形、层面开裂、弯曲、离层，达到极限跨距开始断裂、垮落，乃至周期性垮落过程。地表沉陷幅度主要取决于开挖厚度及上覆岩层的岩性，上覆岩层形成一个由动态到静态的沉陷发展过程，导致地表的建筑物、水体、耕地、铁路、桥梁破坏等诸多灾害性后果。

1.2.1 矿山开采沉陷国外研究现状

最初，开采沉陷研究基于实测资料。19 世纪初，许多学者提出了很多初始的理论。如 1825 年和 1839 年，西欧众多学者对矿山开采沉陷的形式和采动损害程度进行了相关调查，结合当地的采深条件，形成了最初的开采沉陷假设，即“垂线理论”。随着对开采沉陷规律的进一步研究，发现在工作面下山方向一侧煤柱上方地表的建(构)筑物也遭受了一定程度的采动损害。根据这一现象，以实测资料为基础提出了“法线理论”，认为倾斜矿层的开采塌陷是沿矿层法线方向传播的，且先偏向于开采工作面的下山方向上方，而不是出现在开采工作面的正上方，由于该理论的提出是基于下山方向实测数据，对极倾斜煤层开采造成的地表塌陷现象并不能较好地解释，所以遭到了当时许多科学家的质疑。针对“法线理论”的不足，1871 年开始有学者采用水准测量的方法对“三下”采用柱式开采方式的地表沉陷进行了测量，得出最大沉陷值不超过厚度的 1/3，并提出了下沉计算模式 $W=m\cos\alpha$，并指出“法线理论”只适用于矿层倾角小于 68°的情况；同时通过详细分析地表移动盆地的范围与工作面的对应关系，研究移动盆地各个部分对建筑物的危害性，认为最有危险的地点是移动盆地的边缘地带，对建(构)筑物产生危害的不是均匀下沉而是非均匀下沉，因此在采空区内留设矿柱并非有效途径，这一重要结论至今仍对建(构)筑物下开采具有指导意义。

1876 年，欧美众多学者通过总结分析大量实测资料，提出了“二等分线理论”，将覆岩移动过程分为两个时期，第一时期是迅速塌陷过程，第二时期是覆岩缓慢移动过程。1882 年又提出了“自然斜面理论”，并给出了从完整岩石到厚含水冲积层的 6 类岩层的自然斜面角，第一次提出了岩层移动范围与岩层性质有关的思想，但没有对倾斜煤层上山和下山方向地表沉陷规律开展更深一步的研究。也有学者认为采动覆岩破坏向上发育形状为圆拱形，采空区将通过采动破碎岩石的碎胀作用来充填，充填后的圆拱将保持稳定，由此提出了“圆拱理论”。圆拱理论已成为矿山压力学科的基本理论之一，一直沿用至今。“分带理论”认为采空区上方存在“三带”(冒落带、裂隙带和弯曲带)分布沉陷模式，并建立了覆岩与地表沉陷几何理论模型。

进入 20 世纪以后，矿山开采沉陷及防护的科学技术获得了蓬勃的发展。如：将采空区上方岩层看作悬臂梁，经过推导得出地表应变与曲率半径成反比的结论；根据实测数据总结出了水平移动与变形的分布规律；把岩层移动过程视为各岩层的逐层弯曲；认为地表沉陷类似于一个褶皱过程等。1923—1947 年，又相继研究了开采沉陷影响的作用面积及分带，提出和发展了开采沉陷影响分布的几何理论。特别是 1932 年出现的连续影响分布的影响函数，为后来的影响函数法奠定了基础。

20 世纪 50 年代至 80 年代，对实地沉陷测量得到的数据进行科学的分析，各国学者提出了一些重要的理论并编写出一些著作。在 20 世纪 50 年代，苏联学者总结已经积累的监测数据，得出了典型曲线法。波兰研究学者在分析采空区上方的地表沉陷盆地时，应用了随机介质理论研究岩层移动，在随机介质理论的基础上推导出了倾斜煤层开采的地表沉陷公式。20 世纪 60 年代初期，苏联学者认为第一次采动使岩体破碎产生碎胀，这使得地表下沉小于煤层开采厚度，重复采动时已产生碎胀的岩体将不再产生碎胀，从而减少了岩体的碎胀量，而地表下沉量增大。

20 世纪 80 年代至今，众多学者对前期提出的理论方法进行了修正与发展，并提出了一些新的理论。随着计算机技术的发展，为数据处理提供了较为便捷的途径，减少了人们的工作量，也推动了有限单元法、有限差分法和离散元法等方法的研究。研究学者对研究方法有了更好的选择，可采用现场实地测量与理论模型分析，相似材料模型与数值模拟模型进行模拟，修正和发展了力学模型和拟合函数。

20 世纪 90 年代提出了关键层理论，这为研究地表沉陷提供一种新的思路，许多学者在此基础上进行研究，提出了关键层的判别方法和预测预警模型。此阶段，学者们进一步深入认识了岩层移动与地表沉陷的规律。1990 年，众学者基于正态分布时间函数研究了采动过程中地表移动变形的动态特征，并以阿斯图里亚斯煤矿地表沉陷实测数据为例，将正态分布时间函数与 Knothe 时间函数以及双曲时间函数的预测结果进行了对比分析，表明应用正态分布时间函数可使预测精度更高，并将 Knothe 时间函数和 GIS 软件结合以分析和评估矿区地表动态采动损害。

1.2.2　矿山开采沉陷国内研究现状

在我国，开采沉陷理论研究工作起步比较晚，很多成熟理论的形成是在中华人民共和国成立以后才慢慢形成的。生产实践和理论研究表明，开采沉陷不仅是一门独立的学科，而且是多个专业交叉形成的综合学科，它涉及矿山测量、采矿、数学、岩石力学、煤田地质和计算机等多个学科的交叉。经过几十年的不断发展和完善，加之各门交叉学科的快速发展和不断引入开采沉陷中来，使得开采沉陷理论得到显著的完善与充实，逐渐成为一门独立的学科。20 世纪 80 年代初开采沉陷理论再次得到丰富，特别是引入了相似材料模拟试验。

20 世纪 50 年代，开始采用现场测量的方法研究由采矿引起的地表移动变形问题。1954 年我国在开滦矿区建立了第一个完整的地表岩移观测站——黑鸭子观测站。1956 年唐山煤炭科学研究所成立以后，对黑鸭子观测站观测的数据进行了全面分析总结，获取了地表移动参数。之后，大同、淮南、阜新和抚顺等多个矿区也进行了地表移动观测站的规划、设计和建设。1957—1959 年唐山煤炭科学研究所先后分别完成了枣庄、开滦、淮南、焦作等矿区的 10 多个地表移动观测站的分析总结报告。1960 年由北京矿业学院、中南矿冶学院和合肥工业大学合编的《矿山岩层与地表移动》全面论述了岩石物理力学性质、露天及地下开采岩层移动的观测方法及成果整理，用相似材料模型实验研究岩层移动，介绍了国内外岩层移动观测的主要成果及新的理论和经验，并结合我国各主要矿区的实际观测资料进行了阐述。1963 年，依据阳泉矿区 22 个地表移动观测站和 4 个覆岩内部移动观测站，以及 11 个山沟下、4 个建(构)筑物下的工作面开采沉陷观测资料,唐山煤炭科学研究所编制完成了《阳泉矿区地面建(构)筑物及主要井巷保护试行规程》,并在该矿区广泛应用,取得了较好的效果。1963—1965年,为研究任一点的地表沉陷变形规律,建立了我国第一个网状观测站,在研究分析大量观测数据的基础上,建立了地表下沉空间曲面方程,从而可以预计地表下沉盆地内任一点在任一方向上的移动值和变形值。1954年以来,各主要矿区都分别建立了十几个至几十个地表移动观测站,获得了关于本矿区岩层和地表移动的完整资料,为建立各种计算方法提供了依据。

由以上分析可知,早期对地表沉陷观测大多采用水准测量和导线测量,在地形条件比较复杂的偏远矿区,该方法存在一定的弊端,当地形落差较大或通视条件差时,会引起控制点引测不方便、测量速度较慢、测量结果精度不高等问题。尽管如此,随着测绘科学技术的发展,一些现代测绘新技术也正被引入地表沉陷的监测工作当中,例如:CORS技术、InSAR技术、地面激光扫描技术以及GNSS技术等,而且都取得了比较不错的效果。然而,对于覆岩内部沉陷的监测,与地表沉陷相比,其监测方法发展相对较慢,这可能与实施覆岩内部监测比较困难有关。在实际工作开展过程中,主要还是采用传统的监测方法,即巷道和采场直接观测法、岩移钻孔钢丝绳观测法;仪器主要采用钻孔伸长仪、钻孔倾斜仪。关于覆岩破坏的监测方法主要有形变-电阻率探测法、水文地质钻孔观测法、声波探测法、钻孔透视法和钻孔电视法。

1.3 水体下开采国内外研究现状

水体下采煤是“三下”开采的重要组成部分,其核心是研究地表水体或地下水体下煤炭的安全开采技术。由于地下开采引起的覆岩与地表移动和变形可能诱发灾害性的透水和溃沙事故,对矿井安全生产造成严重威胁,所以水体下采煤需要清楚地了解水体的类型、煤岩层的隔水性能和开采空间与水体之间可能的水力联系,分析开采煤层上覆岩层的移动和变形规律与特征,评价煤层上覆水体对煤矿生产的威胁程度,选择合理的开采方法和采用适当的防治水技术措施,在保障安全生产的前提下合理地开采水体下煤炭资源。国内外众多专家学者和工程技术人员对水体下开采进行了大量的研究和实践,取得了许多理论研究成果,积累了许多实践经验。

1.3.1 水体下开采国外研究现状

早在100多年前,国外就开始对水体下采煤有了初步的探索。许多煤矿对水体下采煤进行了现场实测和相关法律的研究工作,并根据本国实际情况制定了相关规程与规定,具体有:自1880年起,日本就开始在九州岛附近海底进行采煤，据统计，曾有11个矿井在海下采过煤炭，并根据开采区域的冲积层组成以及煤炭的储存环境和厚度制定相关安全规程；从16世纪开始，英国就在北海和北爱尔兰海下或其他水体下进行采煤，英国矿务局根据历年发生的涌水事故统计分析，于20世纪50年代对水体下和海下采煤提出了一些约束条件，随后在1968年颁布了海下采煤的相关条例，并制定了相关的具体规定，主要包括覆岩的组成、厚度、煤层采厚以及采煤方法等；在20世纪70年代初，俄罗斯相关部门确定了计算导水裂隙带高度的方法，并于80年代初，根据现场实际煤层的赋存条件、开采参数及相关经验数据统计制定了水体下和海下开采的相关规程来确保工作面的安全开采。

国外学者针对长壁开采形成的覆岩导水裂隙，以及对地表水和地下水的影响机理也做了大量的研究，相关研究成果为后期的现场防突水和保水开采提供了一定的科学依据。其中，在1981年，针对长壁开采后覆岩破坏和导水裂隙发育情况，首次提出了介于水体与采空区之间的隔水岩组的重要性；也指出位于导水裂隙带内的岩层以及工作面留设的煤岩柱上方岩层的水力参数考虑因素较多，是造成含水层与工作面相互连通的主要原因。在1983年，通过现场实测得出，在工作面推进过程时，位于工作面位置上覆岩层的渗透性最大，当该区域回采完毕，其渗透性将会逐步减弱到残余水平，当工作面上方的阻水岩组较薄时，其上方覆岩的水力渗透系数受到采动影响较大，其峰值可为正常系数的10～20倍。

1.3.2 水体下开采国内研究现状

20世纪中叶，我国开始对上覆岩层断裂带高度进行研究，通过几十年的工作取得了丰硕的成果，积累了丰富的数据和经验，对相关理论的发展起到了巨大的推动作用，主要可分为三个阶段。20世纪60年代之前，我国虽然已经开始了水体下采煤，但是对覆岩变形破坏规律的认识还比较浅显，凭借经验，通过工程类比进行简单估测，无法准确预测导水裂隙带最大高度，仅能进行定性描述与分析。20世纪60年代至80年代期间，钻孔技术的极大发展使得覆岩破坏的探测技术日趋成熟，同时根据采高和岩石强度运用相似模拟的方法，给出了在不同情况下导水裂隙带最大高度和冒落带最大高度与采高的关系式，并在生产实践中产生了较好的指导意义。该时期仍处于积累经验的阶段，但是已经从定性研究转为定量研究。20世纪80年代之后，我国着重于对上覆岩层断裂的专题性研究，并获得了显著的成果。随着统计数学、岩体损伤与断裂力学、近场动力学、弹塑性力学、流变力学等先进理论的引入，煤层开采引起覆岩破坏高度的研究得到了极大的发展。除此之外，许多测量覆岩破坏范围的监测设备也得到了很好的发展和运用，例如，浅层地震法、无线电波钻孔透视法、超声成像测井法、彩色钻孔电视探测法和微震监测法等。

目前,我国在导水裂隙带最大高度方面的理论与实践取得了巨大的进步,理论体系更加完备,针对不同因素对导水裂隙带最大高度的影响,提出了相应的高度求解方法。根据研究方法原理的不同共分为四大类:基于岩层移动结构定量预判性的预测预警方法、基于实测数据统计的预测方法、基于模糊数学非线性理论的预测方法和现场实测的方法。这些方法的提出和应用对我国矿井水防治具有重大推进和指导意义,促进了矿山安全生产和和谐矿山建设。

2 地表沉陷预测预警方法、参数和系统

2.1 预测预警方法

目前，地表沉陷预测预警的方法很多，应用较为广泛的预测预警方法有典型曲线法、剖面函数法和概率积分法。

典型曲线法首先将同类地质采矿条件地表下沉盆地的移动变形分布用无因次曲线、无因次系数表格或诺模图表示，然后对于类似地质采矿条件的开采沉陷预计，可以方便地从典型曲线、表格或诺模图上获取地表变形值。典型曲线法主要应用于矩形或者近似矩形的采场地表移动变形预测预警。它的局限性在于仅限于本矿区使用，且需要足够多的观测数据建立典型曲线，并且对非矩形工作面典型曲线法预测精度较差。典型曲线法在我国的峰峰矿区、苏联的顿涅茨矿区等曾有过应用。

剖面函数法，其函数分布形式和参数的取值决定于沉陷观测，能较为全面、准确地反映岩层和地表移动规律，并且能够通过改变剖面模型参数来适应地质采矿条件的变化，达到对沉陷变形的准确预计。但剖面函数法和典型曲线法具有类似的缺点，必须具有一定先验观测数据，且对非矩形工作面预测精度较差，均无法实现任意点变形预测。

概率积分法因其所用的移动和变形预测预警公式中含有概率知识和积分等理论而得名，由于这种方法的基础是随机介质理论，所以又可以叫作随机介质理论法。随机介质理论于 20 世纪 50 年代由李特威尼申等学者引入岩层移动研究，后由我国学者刘宝琛和廖国华等发展为概率积分法，他们认为采动引起的地表变形规律与随机介质的颗粒体介质模型在宏观上相似。该方法理论性较强，论证合理，预测预警参数可以通过矿区现场实测得到，目前已成为我国较为成熟的、应用广泛的预测预警方法之一。

2.1.1 概率积分法的基本原理

① 矿山岩体中分布着许多原生的和开采引起的节理、裂隙和断裂等弱面，可以将矿山岩体看成一种松散的非连续介质。开采引起的岩层与地表移动过

程，类似于松散介质的移动过程。这种移动是一个服从统计规律的随机过程，可应用概率论的方法来揭示岩层与地表移动随机分布的规律性。

② 从统计的观点出发，将整个采区的开采分解为无穷多个无限小的"单元开采"，在"单元开采"上方的地表形成"单元盆地"。"单元盆地"的下沉曲线为正态分布的概率密度曲线。

③ 整个采区开采对岩层与地表的影响，相当于无穷多个"开采单元"对岩层与地表所造成的影响之和。地表无穷多个"单元盆地"的叠加构成总的地表移动盆地。这个过程的叠加与计算，可以用概率分布密度曲线的积分来完成。

2.1.2　概率积分法的计算数学模型

① 下沉值计算公式：

$$W(x,y)=W_{cm}\sum_{i=1}^{n}\int_{L_i}\frac{1}{2r}\mathrm{erf}(\sqrt{\pi}\,\frac{(\eta-x)}{r})\cdot \mathrm{e}^{-\pi\frac{(\xi-y)^2}{r}}\mathrm{d}\xi \tag{2-1}$$

② 倾斜变形计算公式：

$$i_x(x,y)=W_{cm}\sum_{i=1}^{n}\int_{L_i}\frac{1}{r^2}\mathrm{e}^{-\pi\frac{(\eta-x)^2+(\xi-y)^2}{r^2}}\mathrm{d}\xi \tag{2-2}$$

$$i_y(x,y)=W_{cm}\sum_{i=1}^{n}\int_{L_i}\frac{-\pi(\xi-y)}{r^2}\cdot\mathrm{erf}(\sqrt{\pi}\,\frac{(\eta-x)}{r})\cdot \mathrm{e}^{-\pi\frac{(\xi-y)^2}{r^2}}\mathrm{d}\xi \tag{2-3}$$

③ 水平变形计算公式：

$$\varepsilon_x(x,y)=U_{cm}\sum_{i=1}^{n}\int_{L_i}\frac{-2\pi}{r^2}\cdot\frac{(\eta-x)}{r}\cdot \mathrm{e}^{-\pi\frac{(\eta-x)^2+(\xi-y)^2}{r^2}}\mathrm{d}\xi \tag{2-4}$$

$$\varepsilon_y(x,y)=U_{cm}\sum_{i=1}^{n}\int_{L_i}\frac{-\pi}{r^2}\cdot\frac{\xi-y}{r}\cdot\mathrm{erf}(\sqrt{\pi}\,\frac{(\eta-x)}{r})\cdot \mathrm{e}^{\pi-\frac{(\xi-y)^2}{r^2}}\mathrm{d}\xi+ i_y(x,y)\cdot\cot\theta_0 \tag{2-5}$$

④ 曲率计算公式：

$$K_x(x,y)=W_{cm}\sum_{i=1}^{n}\int_{L_i}\frac{-2\pi}{r^2}\cdot\frac{(\eta-x)}{r}\cdot \mathrm{e}^{-\pi\frac{(\eta-x)^2+(\xi-y)^2}{r^2}}\mathrm{d}\xi \tag{2-6}$$

$$K_y(x,y)=W_{cm}\sum_{i=1}^{n}\int_{L_i}\frac{\pi}{r^3}(\frac{2\pi(\xi-y)^2}{r^2}-1)\cdot\mathrm{erf}(\sqrt{\pi}\,\frac{(\eta-x)}{r})\cdot \mathrm{e}^{-\pi\frac{(\xi-y)^2}{r^2}}\mathrm{d}\xi \tag{2-7}$$

⑤ 水平移动计算公式：

$$U_x(x,y)=U_{cm}\sum_{i=1}^{n}\int_{L_i}\frac{1}{r^2}\mathrm{e}^{-\pi\frac{(\eta-x)^2+(\xi-y)^2}{r^2}}\mathrm{d}\xi \tag{2-8}$$

$$U_y(x,y)=U_{cm}\sum_{i=1}^{n}\int_{L_i}\frac{-\pi(\xi-y)}{r^2}\cdot \mathrm{erf}\left(\sqrt{\pi}\,\frac{(\eta-x)}{r}\right)\cdot e^{-\pi\frac{(\xi-y)^2}{r^2}}\mathrm{d}\xi+ W(x,y)\cdot\cot\theta_0 \tag{2-9}$$

⑥ 剪切变形计算公式：

$$\gamma(x,y)=2\cdot U_{cm}\sum_{i=1}^{n}\int_{L_i}\frac{-2\pi(\xi-y)}{r^3}\cdot e^{-\pi\frac{(\eta-x)^2+(\xi-y)^2}{r^2}}\mathrm{d}\xi+i_x(x,y)\cdot\cot\theta_0 \tag{2-10}$$

⑦ 扭曲变形计算公式：

$$S(x,y)=W_{cm}\sum_{i=1}^{n}\int_{L_i}\frac{-2\pi(\xi-y)}{r^4}\cdot e^{-\pi\frac{(\eta-x)^2+(\xi-y)^2}{r^2}}\mathrm{d}\xi \tag{2-11}$$

式中 W_{cm}——主方向最大下沉值，$W_{cm}=m\cdot\eta\cos\alpha$，mm[$m$ 为煤层开采厚度，mm；α 为煤层倾角，(°)]；

L_i——等价计算工作面各边界的直线段；

η——下沉系数；

r——等价计算工作面的主要影响半径，$r=H_d/\tan\beta$（$\tan\beta$ 为主要影响角正切；H_d 为等价开采影响深度，mm），mm；

$i_x(x,y)$——沿 x（煤层走向）方向的倾斜变形，mm/m；

$i_y(x,y)$——沿 y（煤层倾向）方向的倾斜变形，mm/m；

$\varepsilon_x(x,y)$——沿 x（煤层走向）方向的水平变形，mm/m；

$\varepsilon_y(x,y)$——沿 y（煤层倾向）方向的水平变形，mm/m；

$K_x(x,y)$——沿 x（煤层走向）方向的曲率，10^{-3}/m；

$K_y(x,y)$——沿 y（煤层倾向）方向的曲率，10^{-3}/m；

$U_x(x,y)$——沿 x（煤层走向）方向的水平移动，mm；

$U_y(x,y)$——沿 y（煤层倾向）方向的水平移动，mm；

U_{cm}——主方向最大水平移动值，$U_{cm}=b\cdot W_{cm}$，mm（b 为水平移动系数）；

θ_0——开采影响传播角；

$\gamma(x,y)$——剪切变形，mm/m；

$S(x,y)$——扭曲变形，10^{-3}/m。

除地表下沉外，其余移动与变形均具有方向性。确定各移动与变形最大值及方向的计算公式如下：

① 最大倾斜变形 i_0：

$$i_0=\sqrt{i_x(x,y)^2+i_y(x,y)^2} \tag{2-12}$$

② 最大倾斜方向 φ_i：

$$\varphi_i = \arctan \frac{i_y(x,y)}{i_x(x,y)} \tag{2-13}$$

③ 最大水平移动量 U_0：

$$U_0 = \sqrt{U_x(x,y)^2 + U_y(x,y)^2} \tag{2-14}$$

④ 最大水平移动方向 φ_u：

$$\varphi_u = \arctan \frac{U_y(x,y)}{U_x(x,y)} \tag{2-15}$$

⑤ 最大正负曲率 K_0：

$$K_0 = \frac{K_x(x,y) + K_y(x,y)}{2} \pm \sqrt{\left(\frac{K_x(x,y) + K_y(x,y)}{2}\right)^2 + S(x,y)^2} \tag{2-16}$$

⑥ 最大曲率方向 φ_K：

$$\varphi_K = \frac{1}{2}\arctan \frac{2 \cdot S(x,y)}{K_x(x,y) - K_y(x,y)} \tag{2-17}$$

⑦ 最大拉伸变形、最大压缩变形 ε_0：

$$\varepsilon_0 = \frac{\varepsilon_x(x,y) + \varepsilon_y(x,y)}{2} \pm \sqrt{\left(\frac{\varepsilon_x(x,y) + \varepsilon_y(x,y)}{2}\right)^2 + \frac{\gamma(x,y)^2}{4}} \tag{2-18}$$

⑧ 最大水平变形方向 φ_ε：

$$\varphi_\varepsilon = \frac{1}{2}\arctan \frac{\gamma(x,y)}{\varepsilon_x(x,y) - \varepsilon_y(x,y)} \tag{2-19}$$

2.2 预测预警参数

2.2.1 下沉系数及水平移动系数

下沉系数是指在达到充分采动时，地表最大下沉量 W_0 与煤层开采厚度 m 之间的比值，下沉系数与煤层的埋藏深度、地质条件、采矿技术条件、煤岩的物理力学性质、工作面的开采尺寸和重复采动情况等有关。覆岩性质不同，地表下沉系数的取值也不同，覆岩坚硬时取为 0.4～0.65，覆岩中硬时取为 0.658～0.85，覆岩软弱时取为 0.8～1.0。

水平移动系数是指在达到充分采动时，地表最大水平移动值 U_0 与最大下沉值 W_0 之间的比值，在一般的地质采矿条件下水平移动系数在 0.1～0.4 之间。

综合考虑研究区西马煤矿高速公路下的地质采矿条件，以及开采技术和覆岩性质等因素，确定的下沉系数为 0.72，水平移动系数为 0.35。

2.2.2 最大下沉角

在移动盆地倾斜主断面上，地表移动盆地下山方向的影响范围扩大，最大下沉点不在采空区中央的正上方，而是向下山方向偏移，其位置用最大下沉角 θ 确定。非充分采动和充分采动时，在移动盆地倾斜主断面上[图 2-1(a)]，实测地表下沉曲线的最大下沉点在地表水平线上的投影点 O 至采空区中点的连线与水平线之间在煤层下山方向一侧的夹角 θ，称为最大下沉角。超充分采动时[图 2-1(b)]，可根据下山充分采动角和上山充分采动角作两直线，其交点 P 至采空区中点的连线与水平线在煤层下山方向一侧的夹角 θ，为此时的最大下沉角。

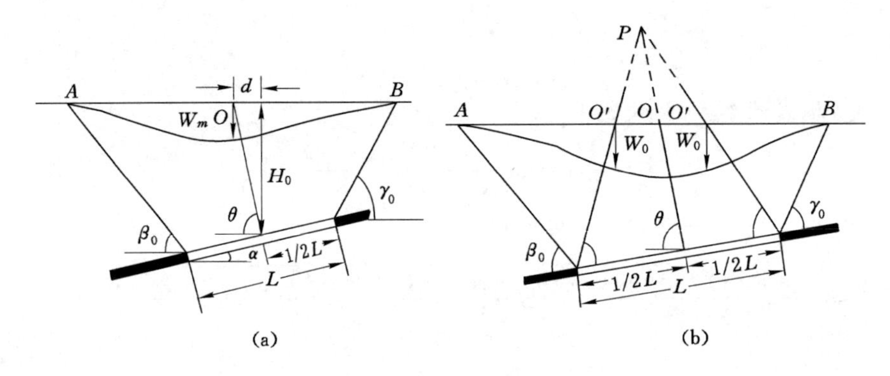

图 2-1　下沉角

最大下沉角除与岩性有关外，还与煤层倾角 α 有关。在缓倾斜和倾斜煤层条件下，θ 随煤层倾角的增大而减小，一般用 $\theta=90°-k\alpha$ 表示，其中 k 为与岩性相关的系数。覆岩坚硬时，$\theta=90°-(0.7\sim0.8)\alpha$；覆岩中硬时，$\theta=90°-(0.6\sim0.7)\alpha$；覆岩软弱时，$\theta=90°-(0.5\sim0.6)\alpha$。西马煤矿属于中硬偏软岩层，走向工作面煤层倾角为 9°，仰斜工作面煤层倾角为 8°，所以最终确定 N-1210、N-1211 和 N-1212 工作面的最大下沉角为 84.6°，N-1205 和 N-1206 工作面的最大下沉角为 85.2°。

2.2.3 开采影响传播角

开采影响传播角是倾向主断面特有的参数。在图 2-2 中，设 A、B 为实际开采边界，由于顶板的悬臂梁影响所确定的计算边界分别为 C、D，其下山和上山方向的拐点偏距分别为 S_1、S_2。由于煤层的倾斜，点 C 到上山无穷远处的点 G 之间煤层的半无限开采引起的下沉曲线的拐点，不位于计算边界点 C 的正上方地表，而是向下山方向偏移，位于 O 处。CO 线与水平线的夹角 θ_0 称为开采影响传播角。半无限开采 DG 引起的地表下沉曲线的拐点出现在

O_1 点，DO_1 线与水平线的夹角也为 θ_0。开采影响传播角 θ_0 一般认为与煤层倾角有关，即 $\theta_0=90°-k\alpha$，其中 k 为小于 1 的常数，一般在 0.5 到 0.8 之间。覆岩坚硬时，$\theta_0=90°-(0.7\sim0.8)\alpha$；覆岩中硬时，$\theta_0=90°-(0.6\sim0.7)\alpha$；覆岩软弱时，$\theta_0=90°-(0.5\sim0.6)\alpha$。

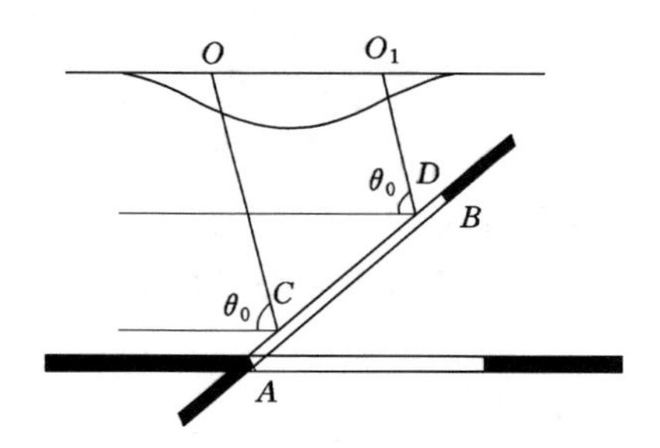

图 2-2　开采影响传播角

西马煤矿属于中硬偏软岩层，走向工作面煤层倾角为 9°，仰斜工作面煤层倾角为 8°，所以最终确定 N-1210、N-1211 和 N-1212 工作面的开采影响传播角为 84.6°，N-1205 和 N-1206 工作面的开采影响传播角为 85.2°。

2.2.4　主要影响角正切

充分采动时地表移动盆地平底最大下沉点至盆地边缘的距离称为主要影响半径 r。地表移动和破坏主要发生在 $-r$ 到 r 之间的范围内。将 $x=\pm r$ 的地表点与煤壁相连，其连线与水平线之间的夹角为主要影响角，其正切值 $\tan\beta$ 称为主要影响角正切(图 2-3)。$\tan\beta=H/r$，其中 H 是煤层开采深度。不同性质覆岩情况下，主要影响角正切经验值分别为：覆岩坚硬时，$\tan\beta$ 取为 1.2～1.6；覆岩中硬时，$\tan\beta$ 取为 1.4～2.2；覆岩软弱时，$\tan\beta$ 取为 1.8～2.6。西马煤矿属于中硬偏软岩层，所以确定主要影响角正切值为 2.0。

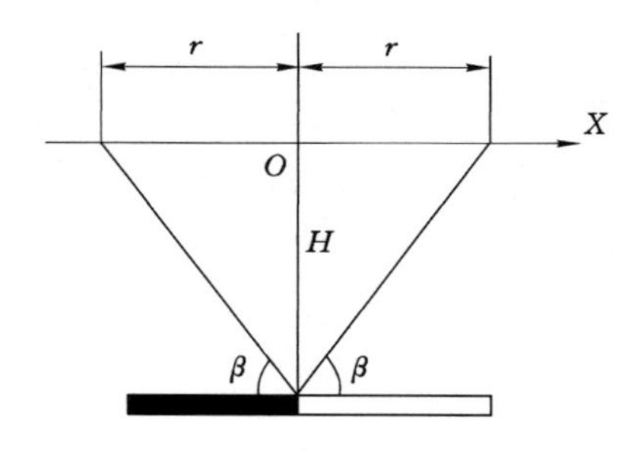

图 2-3　主要影响角正切

2.2.5 拐点偏距

下沉曲线由凸变凹的地表分界点 D 称为下沉曲线的拐点。由于工作面开采过程中在采空区靠近煤壁处的顶板存在着悬臂梁，使得在煤壁的 O_1 的正上方位置不是下沉曲线的拐点，而是向右偏移了一段距离 S_0，S_0 称为拐点偏距(图 2-4)。拐点在采空区侧，则拐点偏距取正值，在煤壁侧取负值。拐点偏距与采深、覆岩岩性和煤层硬度有关。采深越大拐点偏距越大，覆岩岩性和煤层越坚硬，拐点偏距越大，反之则越小。不同性质覆岩情况下，拐点偏距的取值分别为：坚硬覆岩时，$S_0=(0.15\sim0.2)H$；中硬覆岩时，$S_0=(0.1\sim0.15)H$；软弱覆岩时，$S_0=(0.05\sim0.1)H$。根据西马煤矿高速公路下的具体岩性情况确定 $S_0=0.1H$。

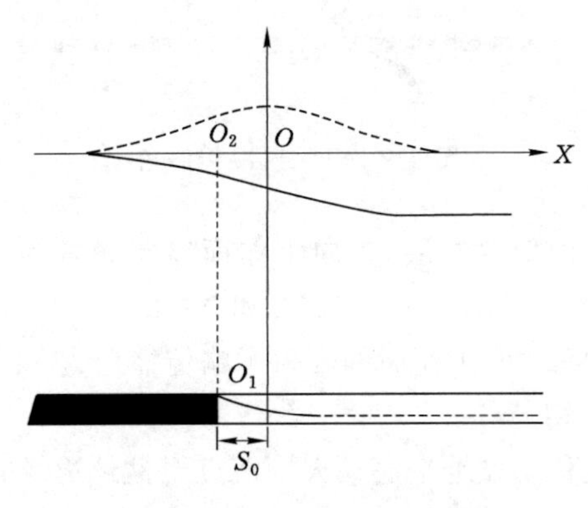

图 2-4 拐点偏距

根据西马煤矿地质情况，参数的取值如表 2-1 所示。

表 2-1 预测预警参数

参数名称		参数值	备注
等效采高	走向工作面	0.445 m	
	仰斜工作面	0.372 m	
下沉系数		0.72	
水平移动系数		0.35	
最大下沉角	煤层倾角 8°	85.2°	
	煤层倾角 9°	84.6°	
开采影响传播角	煤层倾角 8°	85.2°	
	煤层倾角 9°	84.6°	
主要影响角正切		2.0	
拐点偏距		0.1H	煤壁侧取负值，采空区侧取正值

2.3 地表移动变形预测预警算法

2.3.1 矩形工作面开采地表移动变形算法

2.3.1.1 半无限开采时地表移动盆地走向主断面的移动变形预测预警

如图 2-5 所示，$S>0$ 的煤层已全厚采出，$S<0$ 的煤层全部未开采，煤层沿倾斜方向达到充分采动，煤层开采厚度为 m、开采深度为 H。选择采空区计算边界 B 正上方的地表点 O 作为横坐标轴 X 的原点，X 轴沿地表指向采空区。纵坐标轴 $W(x)$ 为横坐标为 x 的地表点的下沉值，$W(x)$ 轴垂直向下；纵坐标轴 $U(x)$ 为横坐标为 x 的地表点的水平移动值，$U(x)$ 轴垂直向上。

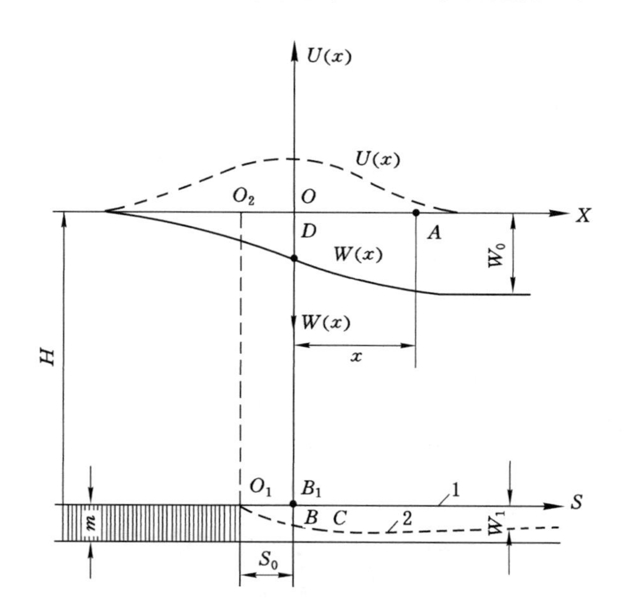

A—地表任意点；B—计算时采用的假想煤壁位置；O_1—实际煤壁位置；C—顶板悬臂影响的终点；D—拐点；1—下沉前顶板原始位置；2—下沉后顶板实际位置；S_0—拐点偏距。

图 2-5 半无限开采时走向主断面地表的下沉和水平移动

在倾向达到充分采动、走向半无限开采的情况下，走向主断面的地表移动和变形的预测预警公式如下：

下沉：

$$W(x)=\frac{W_0}{2}\left[\operatorname{erf}\left(\frac{\sqrt{\pi}}{r}x\right)+1\right] \tag{2-20}$$

倾斜：

$$i(x)=\frac{W_0}{r}e^{-\pi\frac{x^2}{r^2}} \tag{2-21}$$

曲率：

$$K(x)=-\frac{2\pi W_0}{r^3}xe^{-\pi\frac{x^2}{r^2}} \tag{2-22}$$

水平移动：

$$U(x)=bri(x)=bW_0e^{-\pi\frac{x^2}{r^2}} \tag{2-23}$$

水平变形：

$$\varepsilon(x)=brK(x)=-\frac{2\pi bW_0}{r^2}xe^{-\pi\frac{x^2}{r^2}} \tag{2-24}$$

式中 x——计算点坐标；

W_0——最大下沉值；

$\mathrm{erf}(\frac{\sqrt{\pi}}{r}x)$——概率积分函数，$\mathrm{erf}(\frac{\sqrt{\pi}}{r}x)=\frac{2}{\pi}\int_0^{\frac{\sqrt{\pi}}{r}x}e^{-u^2}du$；

r——主要影响半径；

b——水平移动系数。

最大下沉值 W_0 的计算公式如下：

$$W_0=mq\cos\alpha \tag{2-25}$$

式中 m——煤层开采厚度；

α——煤层倾角；

q——下沉系数。

主要影响半径 r 的计算公式如下：

$$r=\frac{H}{\tan\beta} \tag{2-26}$$

由上述预测预警公式，根据求极值原理，可求出半无限开采时走向主断面的最大移动和变形值。

(1) 最大下沉值

如前所述，地表最大下沉值 W_0 由式(2-25)求定。

(2) 最大倾斜值

地表最大倾斜值 i_0 出现在 $\frac{di(x)}{dx}=0$ 处，解得：$x=0$，$i_0=\frac{W_0}{r}$。

(3) 最大曲率值

地表最大曲率 K_0 的 x 值应满足 $\frac{dK(x)}{dx}=0$，解得：$x_K=\pm\frac{r}{\sqrt{2\pi}}\approx\pm0.4r$，

$K_0 \approx \mp 1.52 \dfrac{W_0}{r^2}$。当 $x_K \approx -0.4r$ 时，地表出现正曲率最大值，K_0 取“+”值；当 $x_K \approx +0.4r$ 时，地表出现负曲率最大值，K_0 取“−”值。

（4）最大水平移动值

由于地表点的水平移动和倾斜成正比，所以在地表倾斜达到最大值处（$x=0$），地表水平移动也达到最大值，于是有：$U_0 = bW_0$。

（5）最大水平变形值

由于地表点的水平变形和曲率成正比，所以在地表曲率达到最大值处（$x_K \approx \pm 0.4r$），地表水平变形也达到最大值，于是有：$\varepsilon_0 = \varepsilon(\pm x_K) = \mp 1.52 \dfrac{bW_0}{r}$。当 $x_K = +0.4r$ 时，地表出现负水平变形（压缩变形）最大值；当 $x_K \approx -0.4r$ 时，地表出现正水平变形（拉伸变形）最大值。

2.3.1.2　有限开采时地表移动盆地走向主断面的移动和变形预测预警

如图 2-6 所示，设煤层沿倾斜方向已达到充分采动，沿走向方向没有达到充分采动。走向方向的实际开采边界为 A 和 B，工作面走向长为 D_3。由于顶板悬臂作用而在工作面左右边界产生拐点偏距，其值分别为 S_3 和 S_4，于是走向方向的计算边界为 C 和 D。设 X 轴沿地表指向煤层走向方向，其原点位于计算边界 C 点的正上方地表 O 点。

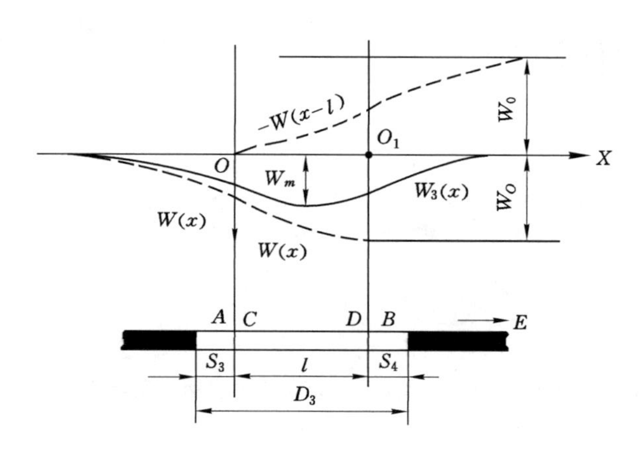

A，B—实际开采边界；C，D—计算边界；S_3—采空区左边界拐点偏距；S_4—采空区右边界拐点偏距；l—采空区走向计算长度；D_3—采空区走向长度。

图 2-6　有限开采时走向主断面地表移动变形计算原理图

事实证明，计算边界 CD 之间煤层的开采等效于 C 点到 $x=+\infty$ 的 E 点和

D 点到 E 点的两个半无限开采之差，采用叠加原理计算 AB 开采引起的走向主断面上有限开采的地表移动和变形值，其计算公式如下：

$$\begin{cases} W^0(x) = W(x) - W(x-l) \\ i^0(x) = i(x) - i(x-l) \\ K^0(x) = K(x) - K(x-l) \\ U^0(x) = U(x) - U(x-l) \\ \varepsilon^0(x) = \varepsilon(x) - \varepsilon(x-l) \end{cases} \tag{2-27}$$

上式中，l 为走向有限开采时的计算长度，计算公式如下：

$$l = D_3 - S_3 - S_4 \tag{2-28}$$

2.3.1.3　有限开采时地表移动盆地倾向主断面的移动和变形预测预警

若煤层沿走向方向已达到充分采动，沿倾斜方向为有限开采，则倾向主断面上的移动和变形可以采用图 2-7 所示的等影响原理进行计算。

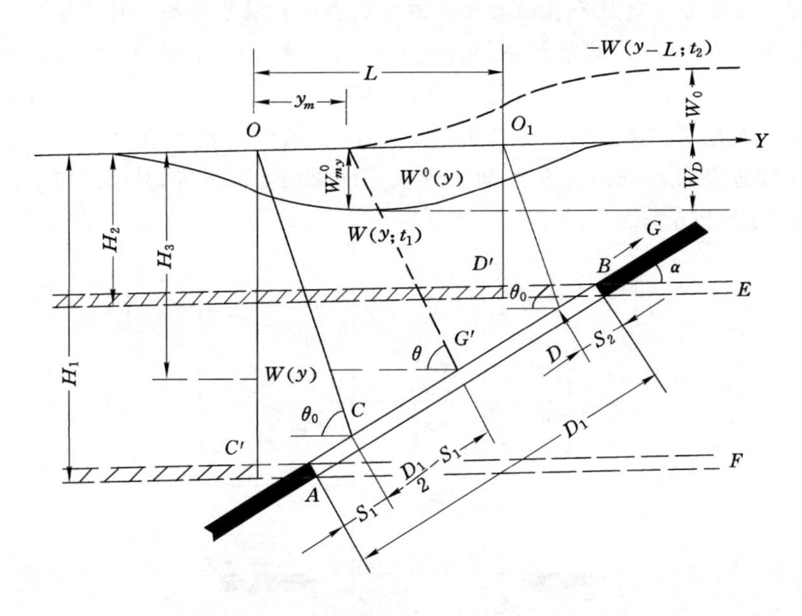

图 2-7　有限开采时地表倾向主断面地表移动和变形计算原理图

在图 2-7 中，设 A、B 为实际开采边界，由于顶板的悬臂影响所确定的计算边界分别为 C、D，其下山和上山方向的拐点偏距分别为 S_1、S_2。由于煤层倾斜的影响，点 C 到上山无穷远处的点 G 之间煤层的半无限开采引起的下沉曲线的拐点，不位于计算边界点 C 的正上方地表，而是向下山方向偏移，位于 O 处。CO 线与水平线的夹角 θ_0 为开采影响传播角。半无限开采 DG 引起的地表下沉曲线的拐点出现在 O_1 点，DO_1 线与水平线的夹角也为 θ_0。设想在采区下山及上山方向各有一个水平煤层，其顶(底)板与实际煤层开采边界的顶(底)板重合，则这两个假想煤层的法向厚度均为$m\cos\alpha$。$C'F$的开采与CG的开采引起的地表移动和变形是相同的，即$C'F$开采与CG开采等影响。同理，$D'E$开采与DG开采等影响。计算边界CD内的开采对地表的影响等于CG和DG开采影响之差，也就等于$C'F$和$D'E$开采影响之差。

设图2-7的坐标系统为：原点在O点处，Y轴沿地表指向上山方向，下沉值纵轴垂直向下，其他移动和变形值纵轴垂直向上。计算假想的下山方向水平煤层半无限开采$C'F$引起地表移动和变形时，开采深度为倾斜煤层实际下山方向的开采边界采深H_1，拐点在$y=0$的O点处；计算假想的上山方向水平煤层半无限开采$D'E$引起地表移动和变形时，开采深度为倾斜煤层实际上山方向的开采边界采深H_2，拐点在$y=L$的O_1点处。于是，走向方向达到充分采动、倾斜方向有限开采时沿倾向主断面的地表移动和变形计算公式如下：

$$\begin{cases} W^0(y)=W(y;t_1)-W(y-L;t_2) \\ i^0(y)=i(y;t_1)-i(y-L;t_2) \\ K^0(y)=K(y;t_1)-K(y-L;t_2) \\ U^0(y)=U(y;t_1)-U(y-L;t_2) \\ \varepsilon^0(y)=\varepsilon(y;t_1)-\varepsilon(y-L;t_2) \end{cases} \tag{2-29}$$

式中，t_1表示采用下山方向开采边界的主要影响半径r_1和水平移动系数b_1；t_2表示采用上山方向开采边界的主要影响半径r_2和水平移动系数b_2；L为倾向工作面计算长度。r_1、r_2和L可由下式求出：

$$r_1=\frac{H_1}{\tan\beta_1} \tag{2-30}$$

$$r_2=\frac{H_2}{\tan\beta_2} \tag{2-31}$$

$$L=(D_1-S_1-S_2)\frac{\sin(\theta_0+\alpha)}{\sin\theta_0} \tag{2-32}$$

式(2-29)中，$W^0(y)$、$i^0(y)$和$K^0(y)$的计算公式中半无限开采的下沉、倾斜和曲率的计算方法与式(2-20)、式(2-21)和式(2-22)相同，而$U^0(y)$、$\varepsilon^0(y)$的计算公式中半无限开采的水平移动和水平变形计算公式应分别在式(2-23)和式(2-24)计算值的基础上加上由于煤层倾斜所引起的水平移动和水平变形的分量，其计算公式为：

$$\begin{cases} U(y;t_1)=b_1W_0\mathrm{e}^{-\pi\frac{y^2}{r_1^2}}+W(y;t_1)\cot\theta_0 \\ U(y-L;t_2)=b_2W_0\mathrm{e}^{-\pi\frac{(y-L)^2}{r_2^2}}+W(y-L;t_2)\cot\theta_0 \\ \varepsilon(y;t_1)=-\dfrac{2\pi b_1W_0}{r_1^2}y\mathrm{e}^{-\pi\frac{y^2}{r_1^2}}+i(y;t_1)\mathrm{ctan}\,\theta_0 \\ \varepsilon(y-L;t_2)=-\dfrac{2\pi b_2W_0}{r_2^2}(y-L)\mathrm{e}^{-\pi\frac{(y-L)^2}{r_2^2}}+i(y-L;t_2)\cot\theta_0 \end{cases} \tag{2-33}$$

2.3.1.4 走向和倾向均为有限开采时地表移动盆地主断面的移动和变形预测预警

走向和倾向均为有限开采时，预测预警倾向主断面的移动和变形可应用式(2-29)和式(2-33)，但求得的移动和变形值均应乘以一个小于1的走向采动程度系数 C_{xm}，表示走向不是充分采动而是不同程度的非充分采动时使倾向主断面上移动和变形值减少的倍数。预测预警走向主断面上的移动和变形时，可采用式(2-27)，但求得的移动和变形值均应乘以一个小于1的倾向采动程度系数 C_{ym}，表示倾向不是充分采动而是不同程度的非充分采动时使走向主断面上移动和变形值减少的倍数。

根据上述方法，走向和倾向均为有限开采时主断面的移动和变形预测预警公式如下。

走向主断面：

$$\begin{cases} W^0(x)=C_{ym}[W(x;t_3)-W(x-l;t_4)] \\ i^0(x)=C_{ym}[i(x;t_3)-i(x-l;t_4)] \\ K^0(x)=C_{ym}[K(x;t_3)-K(x-l;t_4)] \\ U^0(x)=C_{ym}[U(x;t_3)-U(x-l;t_4)] \\ \varepsilon^0(x)=C_{ym}[\varepsilon(x;t_3)-\varepsilon(x-l;t_4)] \\ C_{ym}=\dfrac{W_{my}^0}{W^0} \end{cases} \tag{2-34}$$

倾向主断面：

$$\begin{cases} W^0(y)=C_{xm}[W(y;t_1)-W(y-L;t_2)] \\ i^0(x)=C_{xm}[i(y;t_1)-i(y-L;t_2)] \\ K^0(y)=C_{xm}[K(y;t_1)-K(y-L;t_2)] \\ U^0(x)=C_{xm}[U(y;t_1)-U(y-L;t_2)] \\ \varepsilon^0(y)=C_{xm}[\varepsilon(y;t_1)-\varepsilon(y-L;t_2)] \\ C_{xm}=\dfrac{W_m^0}{W^0} \end{cases} \tag{2-35}$$

式(2-34)和式(2-35)中,t_1、t_2、t_3 和 t_4 分别表示计算时采用下山方向开采边界、上山方向开采边界、走向左侧开采边界和走向右侧开采边界的预测预警参数;W^0 为走向和倾向均为充分采动时的地表最大下沉值,由式(2-25)计算;W_m^0 为倾向充分采动时走向主断面的最大下沉值,由式(2-27)的第一式求 $W^0(\frac{l}{2})$ 得到;W_{my}^0 为走向充分采动时倾向主断面的最大下沉值,由式(2-29)的第一式求 $W^0(y_m)$ 算出,y_m 由下式求得:

$$y_m = (\frac{D_1}{2} - S_1)\frac{\sin(\theta_0 + \alpha)}{\sin\theta_0} + H_0(\cot\theta_0 - \cot\theta) \tag{2-36}$$

式中 H_0——倾向平均开采深度,$H_0 = \frac{H_1 + H_2}{2}$。

θ——最大下沉角。

2.3.1.5 地表移动盆地内任意点沿任意方向的移动和变形预测预警

如图 2-8 所示,工作面开采范围为 O_1CDE,其中 O_1C 为工作面走向长 D_3,CD 为工作面倾向斜长 D_1。地面坐标系为 XOY,其中 X 轴平行走向主断面,Y 轴平行倾向主断面,原点 O 选择在工作面左下角位置。

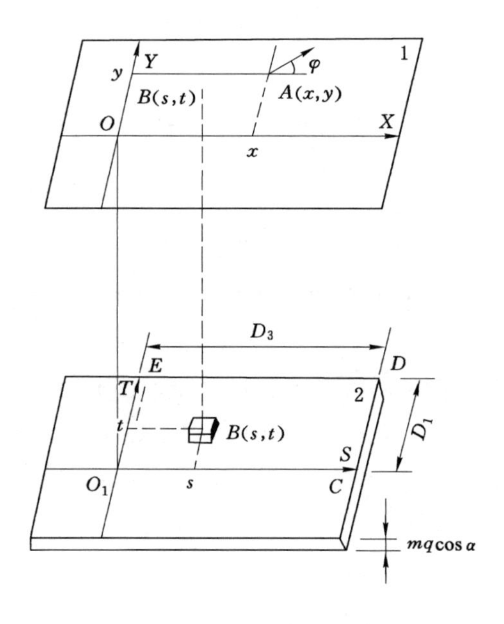

图 2-8 空间开采示意图

对地表任意点 $A(x,y)$，从轴的正向逆时针到指定方向的角度为 φ，则点 A 沿方向 φ 的移动和变形值的预测预警公式如下。

下沉：

$$W(x,y)=\frac{1}{W_0}W^0(x)W^0(y) \tag{2-37}$$

倾斜：

$$i(x,y,\varphi)=\frac{1}{W_0}[i^0(x)W^0(y)\cos\varphi+W^0(x)i^0(y)\sin\varphi] \tag{2-38}$$

曲率：

$$K(x,y,\varphi)=\frac{1}{W_0}[K^0(x)W^0(y)\cos^2\varphi+K^0(y)W^0(x)\sin^2\varphi+ i^0(x)i^0(y)\sin 2\varphi] \tag{2-39}$$

水平移动：

$$U(x,y,\varphi)=\frac{1}{W_0}[U^0(x)W^0(y)\cos\varphi+U^0(y)W^0(x)\sin\varphi] \tag{2-40}$$

水平变形：

$$\varepsilon(x,y,\varphi)=\frac{1}{W_0}\{\varepsilon^0(x)W^0(y)\cos^2\varphi+\varepsilon^0(y)W^0(x)\sin^2\varphi+ [U^0(x)i^0(y)+U^0(y)i^0(x)]\sin\varphi\cos\varphi\} \tag{2-41}$$

2.3.1.6 地表移动盆地内与主断面平行剖面上任意点的移动和变形预测预警

(1) 与走向主断面平行的剖面

若与走向主断面平行剖面的纵坐标为 y_0，此时 $\varphi=0°$。若令 $C_y=\dfrac{W^0(y_0)}{W_0}$，且以右下标 $[x]$ 代表与 x 轴平行剖面上的移动和变形，则根据式(2-37)～式(2-41)有：

$$\begin{cases} W_{[x]}=W(x,y_0)=C_yW^0(x) \\ i_{[x]}=i(x,y_0,0°)=C_yi^0(x) \\ K_{[x]}=K(x,y_0,0°)=C_yK^0(x) \\ U_{[x]}=U(x,y_0,0°)=C_yU^0(x) \\ \varepsilon_{[x]}=\varepsilon(x,y_0,0°)=C_y\varepsilon^0(x) \\ C_y=\dfrac{W^0(y_0)}{W_0} \end{cases} \tag{2-42}$$

(2) 与倾向主断面平行的剖面

若与倾向主断面平行剖面的横坐标为 x_0，此时 $\varphi=90°$，且以右下标[y]代表与 y 轴平行剖面上的移动和变形，则据式(2-37)～式(2-41)有：

$$\begin{cases} W_{[y]}=W(x_0,y)=C_xW^0(y) \\ i_{[y]}=i(x_0,y,90°)=C_xi^0(y) \\ K_{[y]}=K(x_0,y,90°)=C_xK^0(y) \\ U_{[y]}=U(x_0,y,90°)=C_xU^0(y) \\ \varepsilon_{[y]}=\varepsilon(x_0,y,90°)=C_x\varepsilon^0(y) \\ C_x=\dfrac{W^0(x_0)}{W_0} \end{cases} \tag{2-43}$$

2.3.1.7 地表移动盆地内任意点移动和变形最大值及其方向预测预警

(1) 最大倾斜和水平移动

地表任意点 $A(x,y)$ 的最大倾斜出现在 $\varphi=\varphi_i$ 处，依据最大值条件，应有：

$$\left.\frac{\partial i(x,y,\varphi)}{\partial\varphi}\right|_{\varphi=\varphi_i}=0 \tag{2-44}$$

将式(2-38)代入上式，可得：

$$\varphi_i=\arctan\frac{W^0(x)i^0(y)}{i^0(x)W^0(y)} \tag{2-45}$$

将 φ_i 值代入式(2-38)，可得到最大倾斜值 $i(x,y,\varphi_i)$。

由于水平移动和倾斜成正比，所以倾斜最大的方向也是水平移动最大值出现的方向，以 φ_i 代入式(2-40)可得最大水平移动 $U(x,y,\varphi_i)$。

(2) 最大曲率和最大水平变形

地表任意点的最大曲率出现在 $\varphi=\varphi_K$ 处，依据最大值条件，应有：

$$\left.\frac{\partial K(x,y,\varphi)}{\partial K}\right|_{\varphi=\varphi_K}=0$$

将式(2-39)代入上式，可得：

$$\varphi_K=\frac{1}{2}\arctan\frac{2i^0(x)i^0(y)}{K^0(x)W^0(y)-K^0(y)-W^0(x)} \tag{2-46}$$

将 φ_K 代入式(2-39)，可得到最大曲率值(x,y,φ_K)。

由于水平变形和曲率成正比，所以曲率最大的方向 φ_K 也是水平变形最大值出现的方向，以 φ_K 代入式(2-41)可得最大水平变形 $\varepsilon(x,y,\varphi_K)$。

2.3.2 任意形状工作面开采地表移动变形算法

概率积分法适用于规则形状的矩形工作面开采引起的地表移动和变形预测预警。对任意形状的非矩形回采工作面(如图 2-9 中的 $BCDE$)，可沿走向或倾向对任意形状工作面进行分割，将工作面划分为许多个狭长的条带，然后将这些条带近似地看作微矩形工作面，利用地表移动和变形预测预警公式求取每个微矩形工作面开采对地表任意点 $A(x,y)$ 引起的移动和变形值，再把所有的微矩形开采引起 A 点的移动或变形值加起来，就得到整个工作面开采引起 A 点的总移动和变形值，即：

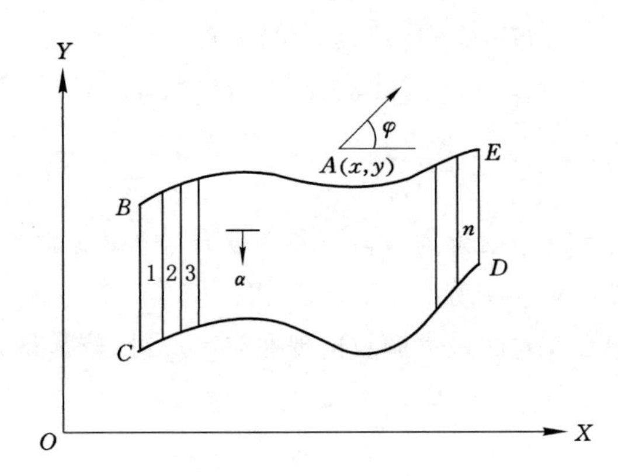

图 2-9　任意形状工作面开采时地表点的影响

$$D_s = D_1 + D_2 + \cdots + D_n = \sum_{i=1}^{n} D_i \tag{2-47}$$

式中　D_s——总工作面开采引起的地表移动和变形值；

D_i——第 i 微小工作面开采引起的地表移动和变形值。

当工作面总的开采尺寸过小时，下沉系数 q 应乘以表 2-2 中的修正系数 K。

表 2-2　小尺寸采空区下沉系数修正系数 K 值表

$\frac{D_3}{2r}$(或$\frac{D_1}{2r}$)	0.1	0.2	0.3	0.4	0.5	≥0.6
K	0	0.48	0.64	0.77	0.85	1.0

2.3.3　重复开采条件下地表移动变形算法

2.3.3.1　走向和倾向的变形值叠加

走向和倾向各个变形值数据的叠加原理是，将 A 与 B 工作面的相重叠区域的数据进行叠加，以 A 工作面的数据作为母本，在 B 工作面的数据中进行搜索，

在搜索过程中以 A 工作面的计算步长为搜索半径，即 X 步长和 Y 步长。搜索到的所有数据利用距离幂次反比法进行相加确定 Z_d：

$$Z_d = \frac{\sum_{i=1}^{n} \frac{Z_i}{d_i}}{\sum_{i=1}^{n} \frac{1}{d_i}} \tag{2-48}$$

式中　Z_d——搜索到的点经过距离幂次反比法得到的修正变形值；

Z_j——搜索到的点变形值；

d_i——搜索到的点距搜索原点的距离；

n——搜索到的点的个数。

然后确定叠加后的结果 Z：

$$Z = Z_x + Z_d \tag{2-49}$$

式中　Z——叠加变形值；

Z_x——搜索母本的变形值。

在提取数据之前将重叠部分的 B 工作面中的点删除。

以上的过程计算了两个工作面沿着走向和倾向各个变形值数据的叠加，当工作面个数大于两个工作面时，首先确定开采顺序，然后将第一次和第二次开采的工作面利用上述方法叠加后的数据作为一个整体工作面开采后的数据再与第三个工作面开采后的数据进行叠加，以此类推多个工作面开采后的沿着走向和倾向的变形值。

2.3.3.2　移动变形值的合成

各个最大变形值的叠加，即下沉值 W、倾斜值 i、曲率值 K、水平移动值 U 和水平变形值 ε 的叠加。

在概率积分法中，采空区地表的下沉量为 $W_0 = mq\cos\alpha$，采空区的范围是一个矩形，矩形两个边长分别为 L 和 D。开采影响范围为以采空区为中心向周围发散的区域，发散区域的大小是一个影响半径的范围，则在整个影响范围内的下沉值用积分函数表示为：

$$W(x,y) = W_0 \int_0^D \int_0^L \frac{1}{r^2} e^{-\pi \frac{(x-s)^2+(y-t)^2}{r^2}} dt\,ds \tag{2-50}$$

将式(2-50)进行变换，可写成：

$$W(x,y) = W_0 \int_0^D \int_0^L \frac{1}{r} e^{-\pi \frac{(x-s)^2}{r^2}} \frac{1}{r} e^{-\pi \frac{(y-t)^2}{r^2}} \cdot dt\,ds$$

$$
\begin{aligned}
&=W_0\int_0^D \frac{1}{r}\mathrm{e}^{-\pi\frac{(x-s)^2}{r^2}}\mathrm{d}s\int_0^L \frac{1}{r}\mathrm{e}^{-\pi\frac{(y-t)^2}{r^2}}\mathrm{d}t \\
&=\frac{1}{W_0}W_0\left[\int_0^{\infty} \frac{1}{r}\mathrm{e}^{-\pi\frac{(x-s)^2}{r^2}}\mathrm{d}s-\int_D^{\infty} \frac{1}{r}\mathrm{e}^{-\pi\frac{(x-s)^2}{r^2}}\mathrm{d}s\right]\cdot \\
&\quad W_0\left[\int_L^{\infty} \frac{1}{r}\mathrm{e}^{-\pi\frac{(y-t)^2}{r^2}}\mathrm{d}t-\int_L^{\infty} \frac{1}{r}\mathrm{e}^{-\pi\frac{(y-t)^2}{r^2}}\mathrm{d}t\right]
\end{aligned}
$$

上式简写为：

$$W(x,y)=\frac{1}{W_0}W_0(x)W_0(y) \tag{2-51}$$

式中，$W_0(x)$在预测预警中可以表示为倾向方向充分采动情况下，走向主断面上横坐标为 x 处的该点的下沉值；$W_0(y)$在预测预警中可以表示为走向方向充分采动情况下，倾向主断面上纵坐标为 y 处的该点的下沉值。

在开采沉陷过程中水平移动值、倾斜值、曲率值和水平变形值都是因为下沉产生的。下面研究任意一点 $A(x,y)$处沿指定的方向上（假设角度为 α，α 为从 x 轴的正向按照逆时针旋转时计算得到的角）的四个变形值。

任意的$A(x,y)$点沿 α 方向上的倾斜 $i(x,y,\alpha)$为该点的下沉 $W(x,y)$在 α 方向上的变化率，在数学计算中即为 α 方向上的方向导数，则有：

$$i(x,y,\alpha)=\frac{\partial W(x,y)}{\partial \alpha}=\frac{\partial W(x,y)}{\partial x}\cos\alpha+\frac{\partial W(x,y)}{\partial y}\sin\alpha \tag{2-52}$$

式(2-52)化简后为：

$$i(x,y,\alpha)=\frac{1}{W_0}i_0(x)W_0(y)\cos\alpha+\frac{1}{W_0}W_0(x)i_0(y)\sin\alpha$$

即为：

$$i(x,y,\alpha)=\frac{1}{W_0}[i_0(x)W_0(y)\cos\alpha+W_0(x)i_0(y)\sin\alpha] \tag{2-53}$$

任意的$A(x,y)$点沿 α 方向的曲率 $K(x,y,\alpha)$为该点的倾斜 $i(x,y,\alpha)$在 α 方向上的变化率，在数学计算中即为 $i(x,y,\alpha)$在 α 方向上的方向导数，则有：

$$K(x,y,\alpha)=\frac{\partial i(x,y,\alpha)}{\partial \alpha}=\frac{\partial i(x,y,\alpha)}{\partial x}\cos\alpha+\frac{\partial i(x,y,\alpha)}{\partial y}\sin\alpha \tag{2-54}$$

式(2-54)化简后为：

$$
\begin{aligned}
K(x,y,\alpha)=\frac{1}{W_0}[&K_0(x)W_0(y)\cos^2\alpha+K_0(y)W_0(x)\sin^2\alpha+ \\
&i_0(x)i_0(y)\sin 2\alpha]
\end{aligned} \tag{2-55}
$$

概率积分法适合于倾角小于25°的煤层，所以讨论的煤层是小倾角的，各向同性的，根据$U(x)=bri(x)$，以及水平位移与倾斜成正比的关系，可以从式(2-53)得：

$$U(x,y,\alpha)=bri(x,y,\alpha)=\frac{1}{W_0}[bri_0(x)W_0(y)\cos\alpha+W_0(x)bri_0(y)\sin\alpha]$$

即：

$$U(x,y,r,\alpha)=bri(x,y,\alpha)=\frac{1}{W_0}[U_0(x)W_0(y)\cos\alpha+U_0(y)W_0(x)\sin\alpha] \tag{2-56}$$

同理，可以根据$\varepsilon(x)=brK(x)$得：

$$\varepsilon(x,y,\alpha)=brK(x,y,\alpha)=\frac{1}{W_0}\{[\varepsilon_0(x)W_0(y)\cos^2\alpha+\varepsilon_0(y)W_0(x)\sin^2\alpha]+[U_0(x)i_0(y)+U_0(y)i_0(x)]\sin\alpha\cos\alpha\} \tag{2-57}$$

对地表移动盆地内任意点$A(x,y)$来说，方向α取值不同其移动和变形值(除该点下沉外)也不同。此处要研究的是，α取何值地表的这些移动和变形为最大。这对预测预警来说，也是很有意义的。如果在A点修筑建筑物，应将建筑物的长边尽量避开最大变形值的方向，而使建筑物的短边尽量沿最大变形值的方向。

最大倾斜和水平移动方向的确定，过$A(x,y)$点实际倾斜出现在$\alpha=\alpha_i$处，据实际变形值的条件，应有：

$$\left.\frac{\partial i(x,y,\alpha)}{\partial\alpha}\right|_{\alpha=\alpha_i}=0$$

将式(2-53)代入上式，可得：

$$\alpha=\alpha_i=\arctan\frac{W_0(x)i_0(y)}{i_0(x)W_0(y)} \tag{2-58}$$

将α_i代入式(2-53)可得到实际倾斜值$i(x,y,\alpha_i)$。

由于水平移动和倾斜成正比，所以实际倾斜值的方向α_i也是水平位移实际值出现的方向。以α_i代入式(2-56)可得实际水平位移$U(x,y,\alpha_i)$，且有：

$$U(x,y,\alpha_i)=B\cdot i(x,y,\alpha_i) \tag{2-59}$$

$A(x,y)$点的实际曲率出现在$\alpha=\alpha_K$处，仿照上述则有：

$$\left.\frac{\partial K(x,y,\alpha)}{\partial K}\right|_{\alpha=\alpha_K}=0$$

将式(2-55)代入上式,可得：

$$\alpha_K = \frac{1}{2}\arctan\frac{2i_0(x)i_0(y)}{K_0(x)W_0(y) - K_0(y)W_0(x)} \tag{2-60}$$

将 α_K 值代入式(2-55)可得出实际曲率 $K(x,y,\alpha_K)$。同理,实际水平变形也出现在 α_K 方向,其值可以将 α_K 值代入式(2-57)求得,也可按下式求得：

$$\varepsilon(x,y,\alpha_K) = BK(x,y,\alpha_K) \tag{2-61}$$

依照以上的算法,应用沿着走向和倾向多工作面开采后的叠加数据可以合成出每个位置的实际变形值和方向。

2.3.3.3　观测线的设置

根据高速公路的特殊位置可以沿高速公路方向(平行高速公路方向)设置观测线,便于直观分析高速公路上各个变形的趋势和最大值。在要分析的范围内选取两点确定观测范围。

选取观测线的两个端点坐标 $A(x_1,y_1)$和 $B(x_2,y_2)$,A 和 B 两点确定直线方程：

$$y_i = kx_i + b \tag{2-62}$$

如果点的坐标满足式(2-62),则此点在观测线上。

2.4 矿山开采沉陷观测数据分析可视化系统

2.4.1 系统基本架构

地表开采沉陷预测预警系统是基于矿山开采沉陷理论、计算机图形学和计算机软件开发技术,采用面向对象的 Microsoft Visual C++ 2005 开发的、能够实现矿山开采引起的地表移动变形预测预警的可视化集成管理平台。通过概率积分法预测预警模型和算法,根据井田地质与采矿技术条件,不仅能够计算地表最大移动和变形值,确定走向或倾向主断面的移动和变形分布,预测预警地表下沉盆地内任意点的移动和变形值,评价多工作面或多煤层重复开采条件下对地表的总体影响程度,而且强大的二维图形处理功能提供了地表开采沉陷预测预警数据的可视化显示与分析,从而为建筑物下、水体下和铁路下煤层安全开采和矿山生态环境影响评价与治理提供了重要的技术与决策支持。

系统主要由地表移动变形计算参数管理、地表移动变形计算、主断面地表移动变形预计曲线绘制、地表移动变形等值线绘制、统计图表绘制和数据处理工具等功能组成,其架构如图 2-10 所示。

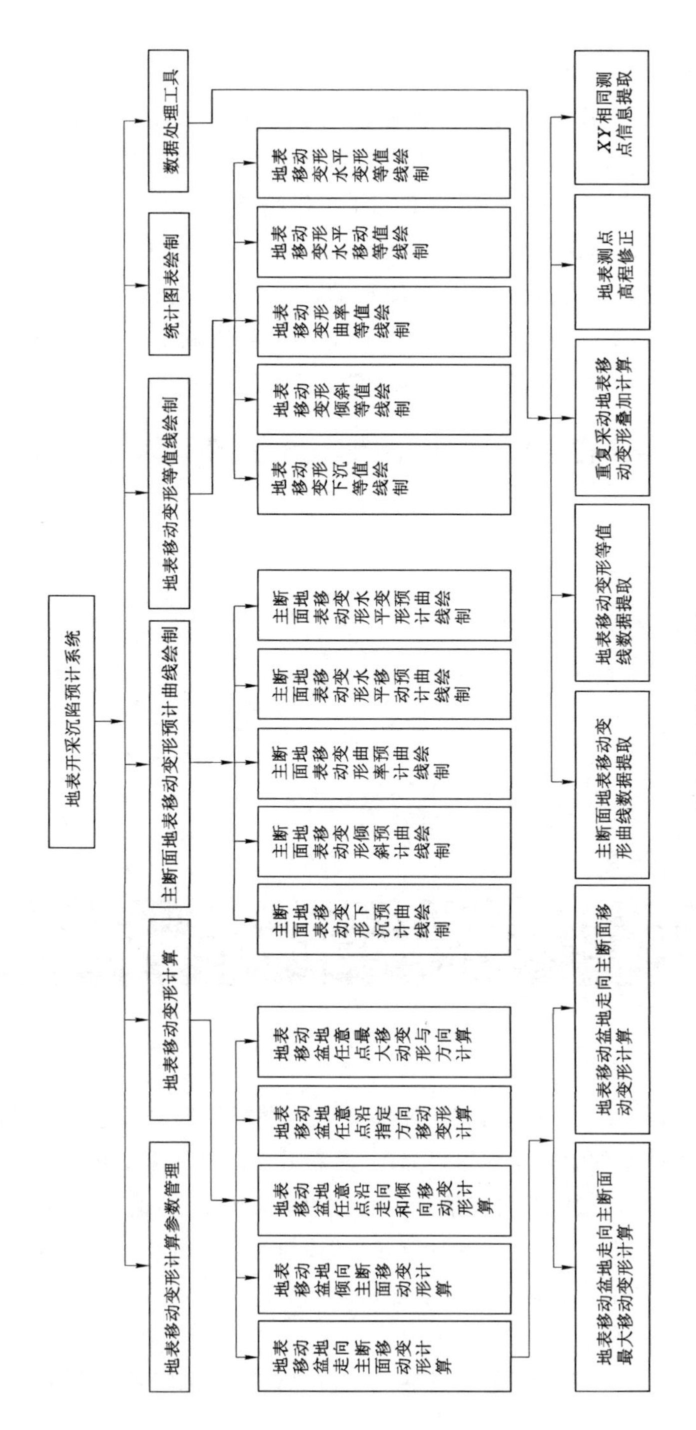
地表开采沉陷预计系统
地表移动变形计算参数管理
地表移动变形计算
主断面地表移动变形预计曲线绘制
地表移动变形等值线绘制
统计图表绘制
数据处理工具
地表移动盆地走向主断面移动变形计算
地表移动盆地倾向主断面移动变形计算
地表移动盆地任意点沿走向和倾向移动变形计算
地表移动盆地任意点沿指定方向移动变形计算
地表移动盆地任意点最大移动变形与方向计算
主断面地表移动变形下沉预计曲线绘制
主断面地表移动变形倾斜预计曲线绘制
主断面地表移动变形曲率预计曲线绘制
主断面地表移动变形水平移动预计曲线绘制
主断面地表移动变形水平变形预计曲线绘制
地表移动变形下沉等值线绘制
地表移动变形倾斜等值线绘制
地表移动变形曲率等值线绘制
地表移动变形水平移动等值线绘制
地表移动变形水平变形等值线绘制
地表移动盆地走向主断面最大移动变形计算
地表移动盆地走向主断面移动变形计算
主断面地表移动变形曲线数据提取
地表移动变形等值线数据提取
重复采动地表移动变形叠加计算
地表测点高程修正
XY相同测点信息提取

图 2-10　系统功能架构

2.4.2 系统主要功能设计实现

2.4.2.1 地表移动变形计算参数管理

地表移动变形计算参数管理功能通过如图 2-11 所示的交互窗口，能够管理开采沉陷预测预警所必需的回采工作面各种地质采矿条件和预测预警参数，其中地质采矿条件包括回采工作面名称、回采工作面煤层采高与倾角、采空区走向长度和倾向斜长、走向主断面采深、采空区倾向上下边界采深、系统局部坐标系原点经距、原点纬距和旋转角；开采沉陷预测预警参数包括下沉系数、走向与倾向上下边界水平移动系数、走向与倾向上下边界主要影响角正切、采空区走向左右边界和采空区倾向上下边界拐点偏距、最大下沉角和开采影响传播角。

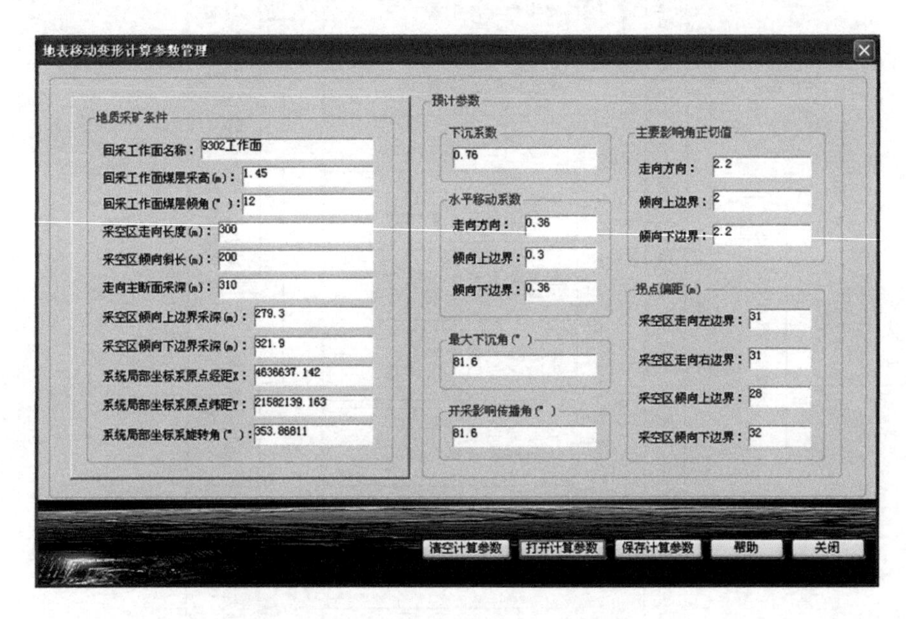

图 2-11 地表移动变形计算参数管理窗口

在窗口中，【打开计算参数】按钮能够载入已存档的地表移动变形计算参数文本文件，利用基本的编辑功能可以修改、更新其中的地质采矿条件和预测预警参数。【清空计算参数】按钮可以清除界面中的所有输入项，输入、编辑预开采工作面的上述各种数据信息。【保存计算参数】按钮为用户提供了按指定存储路径和文件名称以文本格式保存数据的功能。

2.4.2.2 地表移动变形计算

地表移动变形计算功能基于概率积分法地表开采沉陷预测预警模型与算

法，根据保护对象的空间位置、开采深度、煤层产状及开采厚度、开采煤层上覆岩层性质、回采工作面形状、尺寸和顶板管理方法等地质采矿条件及预测预警参数，能够完成不同开采条件下地表移动和变形的快速计算，其基本处理过程如图 2-12 所示。

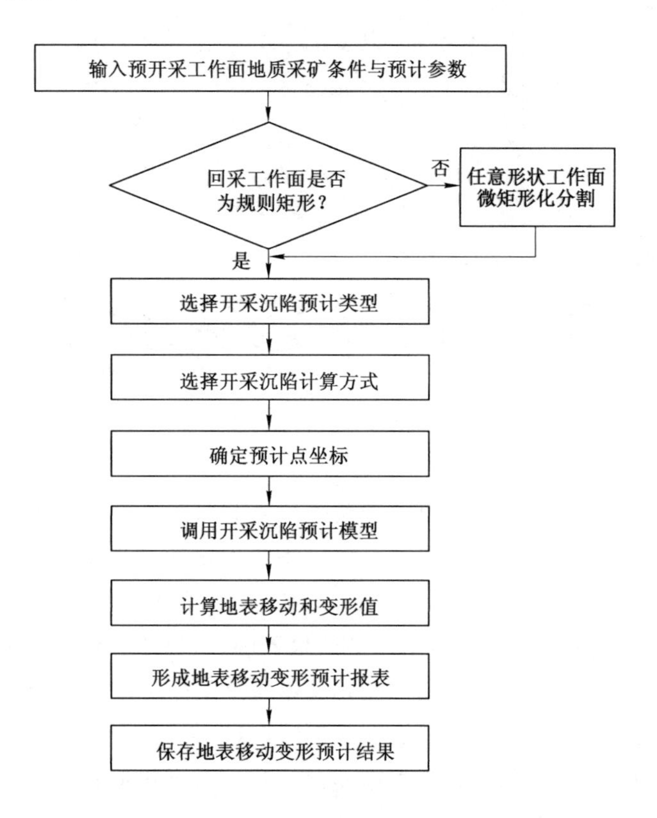

图 2-12　地表移动和变形预测预警过程

(1) 地表移动盆地走向主断面移动变形计算

地表移动盆地走向主断面移动变形计算功能可以进行走向主断面内任意点的开采沉陷预测预警和走向主断面内最大移动变形值及其位置计算。此计算功能的交互窗口如图 2-13 所示，提供了“走向半无限开采，倾向充分采动”“走向有限开采，倾向充分采动”和“走向和倾向均为有限开采”三种不同条件下的预测预警类型。为了满足不同的计算需要，此功能允许用户选择“计算指定点移动变形值”“计算区域点移动变形值”和“计算导入点移动变形值”三种计算方式，其中区域点坐标由 X 坐标取值范围和计算步长定义，导入点坐标由存储预测预警点 X

坐标的文本文件输入。

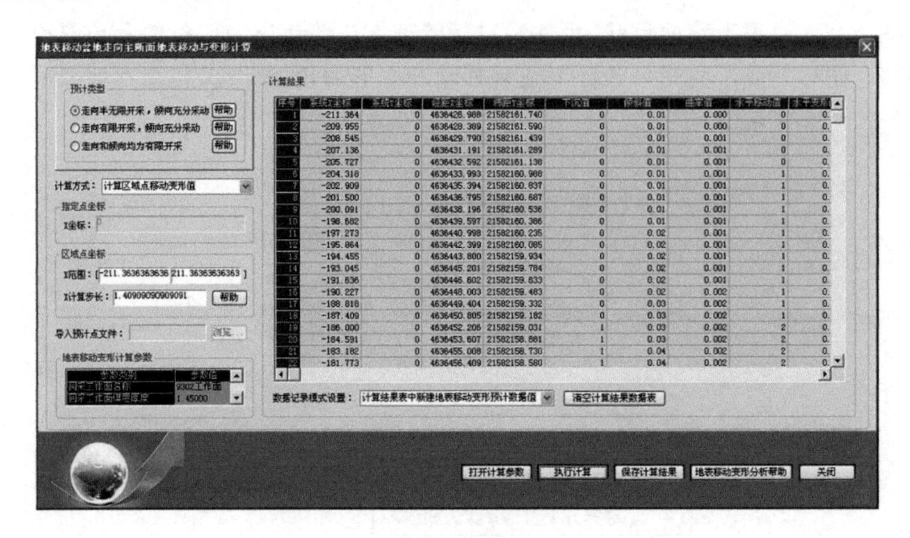

图 2-13　地表移动盆地走向主断面地表移动与变形计算窗口

在窗口中,【打开计算参数】按钮为系统输入预开采工作面的地质采矿条件和预测预警参数;【执行计算】按钮使系统依据用户选择的预测预警类型和计算方式自动完成地表下沉值、倾斜值、曲率值、水平移动值和水平变形的计算,并将计算结果以新建或追加方式显示于计算结果表中,反映地表移动盆地内走向主断面内地表沉降、坡度和水平位移的变化规律和分布特征,并为走向主断面移动和变形曲线绘制提供数据信息。【保存计算结果】按钮可以将预测预警结果以文本文件保存在存储介质中,进行数据存档或为系统数据提取和处理提供基础数据源。

(2) 地表移动盆地走向主断面最大移动变形计算

此计算功能能够通过【打开计算参数】按钮获取预开采工作面的实际地质采矿条件和开采沉陷预测预警参数,利用【执行计算】按钮调用最大移动和变形值计算模型算法,可以求解出最大下沉值、最大倾斜值、最大正负曲率值、最大水平移动值和最大正负水平变形值及其地表位置,可以为“三下”煤炭资源的安全开采提供以下方面的决策支持:

① 建筑物下开采时,评价建筑物受开采影响的最大程度,为建筑物的维修、加固、重建或采取地下开采措施提供依据;

② 铁路下开采时,判别铁路下煤炭资源开采的可行性,估算铁路维修工程

量,确定维修计划和方案;

③ 水体下开采时,判断矿井受水患威胁的程度,研究受影响的堤坝等水工构筑物的最大破坏程度和影响范围,制定科学的维修和保护措施。

地表移动盆地走向主断面最大地表移动变形值计算窗口如图 2-14 所示。

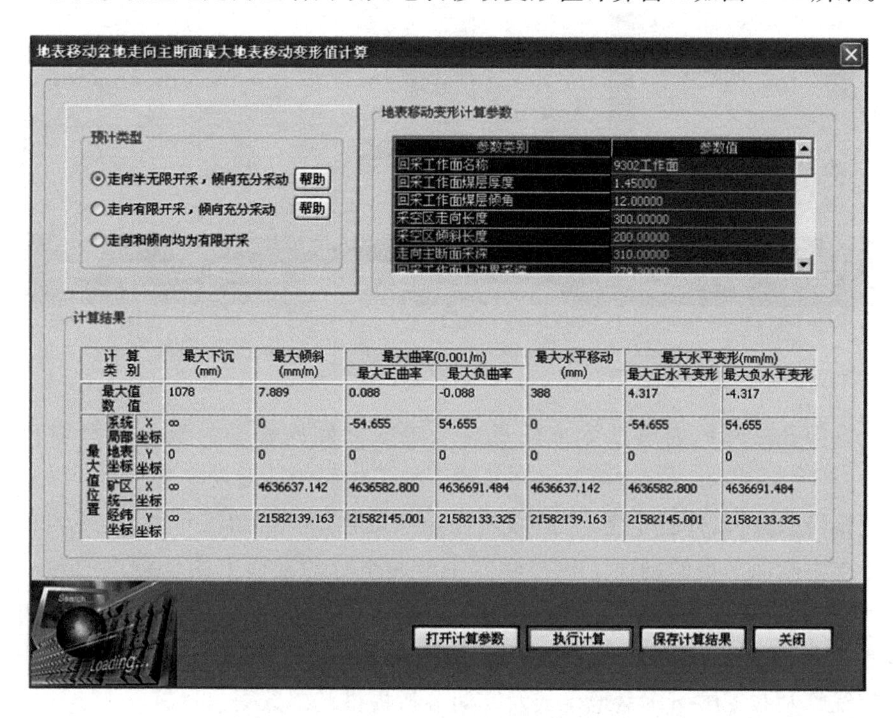

图 2-14　地表移动盆地走向主断面最大地表移动变形值计算窗口

(3) 地表移动盆地倾向主断面移动变形计算

地表移动盆地倾向主断面移动变形计算功能根据预开采工作面的地质采矿条件和开采沉陷预测预警参数,按照不同的预测预警要求,对倾向主断面上的由交互输入或文件导入的指定点、由 Y 坐标取值范围和计算步长确定的区域点,利用倾向主断面开采沉陷预测预警模型算法快速解算出“倾向有限开采,走向充分采动”或“走向和倾向均为有限开采”条件下的地表移动和变形值,反映地表移动盆地内倾向主断面内地表沉降、坡度和水平位移的变化规律和分布特征,并为倾向主断面移动和变形曲线绘制提供数据信息。

地表移动盆地倾向主断面地表移动与变形计算窗口如图 2-15 所示。

(4) 地表移动盆地任意点沿走向和倾向移动变形计算

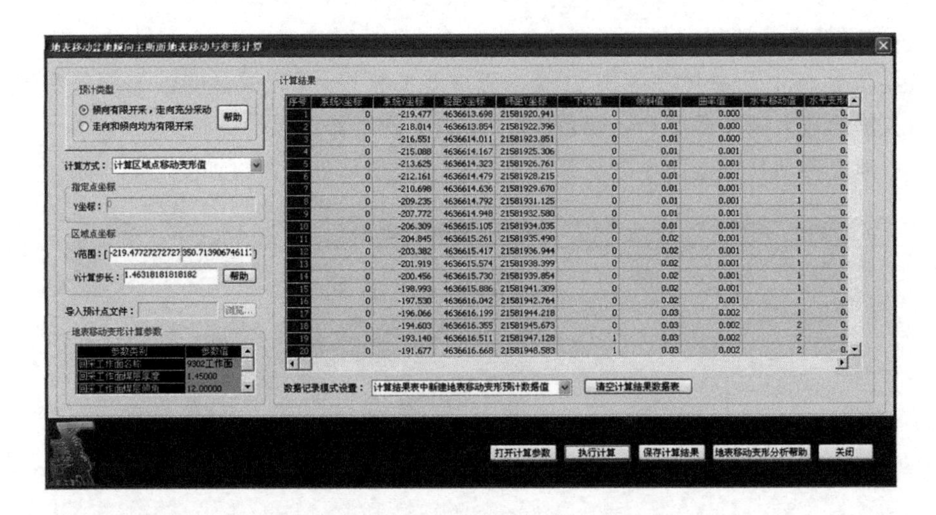

图 2-15　地表移动盆地倾向主断面地表移动与变形计算窗口

有限开采时地表移动盆地任意点沿走向和倾向移动与变形计算窗口如图 2-16 所示，此功能能够根据已知的预开采工作面的地质采矿条件和开采沉陷预测预警参数，以计算指定点、区域点或导入点移动变形值三种方式，预测预警与走向主断面平行的剖面上或与倾向主断面平行的剖面上的任意点的地表下沉、倾斜、曲率、水平移动和水平变形值，反映地表移动全盆地内沿走向或倾向的地表沉降、坡度和水平位移的变化规律和分布特征，为移动盆地各种移动和变形等值线绘制和三维下沉盆地生成及空间分析提供基础数据信息。

图 2-16　有限开采时地表移动盆地任意点沿走向和倾向移动与变形计算窗口

(5) 地表移动盆地任意点沿指定方向移动变形计算

地表移动盆地任意点沿指定方向移动变形计算功能根据预开采工作面的地质采矿条件和开采沉陷预测预警参数，通过由指定点、区域点或导入点输入的一个或一系列预测预警点的 X 坐标、Y 坐标和用户输入的计算方向，预测预警任意点在指定方向上的地表下沉值、倾斜值、曲率值、水平移动值和水平变形值，反映地表移动全盆地内沿指定方向的地表沉降、坡度和水平位移的变化规律和分布特征，为移动盆地各种移动变形等值线绘制和三维下沉盆地生成及空间分析提供基础数据信息。

在图 2-17 所示的交互窗口中，【打开计算参数】按钮为系统输入预开采工作面的地质采矿条件和预测预警参数；【执行计算】按钮使系统依据用户选择的计算方式和输入的预测预警点坐标自动完成地表下沉值、倾斜值、曲率值、水平移动值和水平变形值的计算，并将计算结果以新建或追加方式显示于计算结果表中。【保存计算结果】按钮可以将预测预警结果以文本文件保存在存储介质中，进行数据存档或为系统数据提取和处理提供基础数据源。

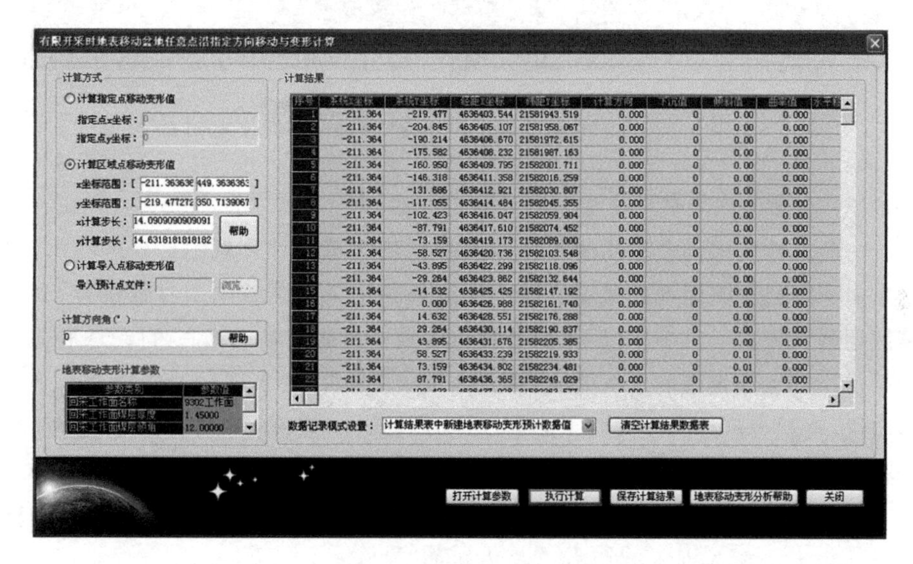

图 2-17 有限开采时地表移动盆地任意点沿指定方向移动与变形计算窗口

(6) 地表移动盆地任意点最大移动变形与方向计算

此功能根据预开采工作面的地质采矿条件和开采沉陷预测预警参数，利用地表移动盆地任意点沿指定方向移动变形预测预警和极值求解原理，快速求出地表移动盆地内任意点的最大倾斜值、最大曲率值、最大水平移动值和最大水平变形值及其方向，为减少地面建筑物、铁路、公路、水体构筑物的采动危害程度和编制井下开采计划提供决策支持。

有限开采时地表移动盆地任意点最大移动与变形值及其方向计算窗口布局与组成和地表移动盆地任意点沿指定方向移动与变形计算窗口相似，如图 2-18 所示。

图 2-18　有限开采时地表移动盆地任意点最大移动变形值及其方向计算窗口

(7) 主断面地表移动变形预测预警曲线绘制

主断面地表移动变形预测预警曲线绘制功能基于计算机图形处理技术，根据走向和倾向主断面地表移动变形值预测预警结果和曲线绘制参数设置，利用离散预测预警点二维坐标值，采用抛物线参数样条曲线生成算法，自动选取适当的显示比例生成光滑的下沉曲线、倾斜曲线、曲率曲线、水平移动曲线和水平变形曲线，直观表示走向或倾向主断面内地表沉降、坡度和水平位移的变化规律和分布特征。

预测预警曲线绘制采用的计算机图形处理技术包括二维图形平移变换、比例变换和旋转变换，它们的几何变换方法如下：

① 平移变换。XY 平面上的点 $P(x,y)$ 如果沿 X 方向平移 M_x、沿 Y 方向平移 M_y，则可得到新的点 $P'(x',y')$，点 P' 和 P 的关系为：

$$[x' \quad y'] = [x \quad y] + [M_x \quad M_y] = [x + M_x \quad y + M_y] \tag{2-63}$$

② 比例变换。通过对 XY 平面上的点 $P(x,y)$ 的 x 和 y 分别乘以沿 x 方向和 y 方向相对于坐标原点的比例因子 S_x 和 S_y，得到新的点 $P'(x',y')$，则点

P'和 P 的关系为：

$$[x \quad y'] = [x \quad y] \begin{vmatrix} S_x & 0 \\ 0 & S_y \end{vmatrix} = [x \cdot S_x \quad y \cdot S_y] \tag{2-64}$$

③ 旋转变换。将 XY 平面上的点 $P(x,y)$绕坐标原点逆时针旋转 θ 角，得到新的点 $P'(x',y')$，则点 P'和 P 的关系为：

$$[x' \quad y'] = [x \quad y] \begin{vmatrix} \cos\theta & \sin\theta \\ -\sin\theta & \cos\theta \end{vmatrix}$$
$$= [x \cdot \cos\theta - y \cdot \sin\theta \quad x \cdot \sin\theta + y \cdot \cos\theta] \tag{2-65}$$

各种预测预警曲线是利用抛物线参数样条曲线的算法拟合生成的，该样条曲线的算法如下：给定 N 个型值点 $P_1, P_2, \cdots, P_N$，对相邻三点 P_i、P_{i+1}、P_{i+2} 及 P_{i+1}、P_{i+2}、$P_{i+3}(i=1,2,\cdots,N-2)$反复用抛物线算法拟合，然后对相邻抛物线曲线在公共区间 P_{i+1}到 P_{i+2}范围内，用权函数 t 与$(1-t)$进行调配，使其混合为一条曲线，可表示为：

$$S = \sum_{i=1}^{N-2} [(1-t)S_i + tS_{i+1}] \quad t \in [0,1] \tag{2-66}$$

式中，S_i 是由 P_i、P_{i+1}、P_{i+2}三点决定的抛物线曲线，S_{i+1}是由 P_{i+1}、P_{i+2}、P_{i+3}三点决定的抛物线曲线。混合后的曲线 S 在 P_{i+1}到 P_{i+2}公共段内，是 S_i 的后半段和 S_{i+1}的前半段加权混合的结果，其参数方程为：

$$\begin{cases} x = (1-2t_2)(a_{1x}t_1^2 + b_{1x}t_1 + c_{1x}) + 2t_2(a_{2x}t_2^2 + b_{2x}t_2 + c_{2x}) \\ y = (1-2t_2)(a_{1y}t_1^2 + b_{1y}t_1 + c_{1y}) + 2t_2(a_{2y}t_2^2 + b_{2y}t_2 + c_{2y}) \end{cases} \tag{2-67}$$

式中，$t_2 \in [0,0.5]$，$t_1 = t_2 + 0.5 \in [0.5,1]$，$a_{1x}$、$b_{1x}$、$c_{1x}$、$a_{1y}$、$b_{1y}$、$c_{1y}$ 为 S_i 段曲线的系数，由 P_i、P_{i+1}、P_{i+2}三点决定：

$$\begin{cases} a_{1x} = 2(x_{P_{i+2}} - 2x_{P_{i+1}} + x_{P_i}) \\ a_{1y} = 2(y_{P_{i+2}} - 2y_{P_{i+1}} + y_{P_i}) \\ b_{1x} = 4x_{P_{i+1}} - x_{P_{i+2}} - 3x_{P_i} \\ b_{1y} = 4y_{P_{i+1}} - y_{P_{i+2}} - 3y_{P_i} \\ c_{1x} = x_{P_i} \\ c_{1y} = y_{P_i} \end{cases} \tag{2-68}$$

a_{2x}、b_{2x}、c_{2x}、a_{2y}、b_{2y}、c_{2y} 为 S_{i+1} 段曲线的系数，由 P_{i+1}、P_{i+2}、P_{i+3} 三点决定：

$$
\begin{cases}
a_{2x} = 2(x_{P_{i+3}} - 2x_{P_{i+2}} + x_{P_{i+1}}) \\
a_{2y} = 2(y_{P_{i+3}} - 2y_{P_{i+2}} + y_{P_{i+1}}) \\
b_{2x} = 4x_{P_{i+2}} - x_{P_{i+3}} - 3x_{P_{i+1}} \\
b_{2y} = 4y_{P_{i+2}} - y_{P_{i+3}} - 3y_{P_{i+1}} \\
c_{2x} = x_{P_{i+1}} \\
c_{2y} = y_{P_{i+1}}
\end{cases}
\tag{2-69}
$$

可以证明，抛物线参数样条曲线完全通过给定的型值点列，并在 P_2 到 P_{N-1}各已知点的左右侧能达到一阶导数连续。当曲线两端没有一定的端点条件限制时，该曲线两端各有一段曲线不是加权混合的形式，而是 S_1 段的前半段和 S_{N-2}段的后半段。

在图 2-19 所示的功能窗口中，曲线绘制参数设置项可以指定纵横坐标轴刻度间隔，选择坐标轴显示类型(包括显示纵横坐标轴全部刻度值、只显示纵坐标轴全部刻度值、只显示横坐标轴全部刻度值、间隔显示纵横坐标轴刻度值、只间隔显示纵坐标轴刻度值、只间隔显示横坐标轴刻度值和取消显示纵横坐标轴刻度值七种类型)，控制数据点和坐标网格显示，从而定义移动变形预测预警曲线的显示风格。【选择数据文件】按钮可以打开存储预测预警点坐标和移动变形值的文本文件，为预测预警曲线绘制提供基础数据。【曲线数据管理】按钮能够通过图 2-20 所示的交互窗口，完成浏览、新建、编辑、修改和保存预测预警曲线数据。【保存曲线】按钮能够将移动变形预测预警曲线转换为 BMP 格式图像，以指定路径和文件名保存在存储介质中。

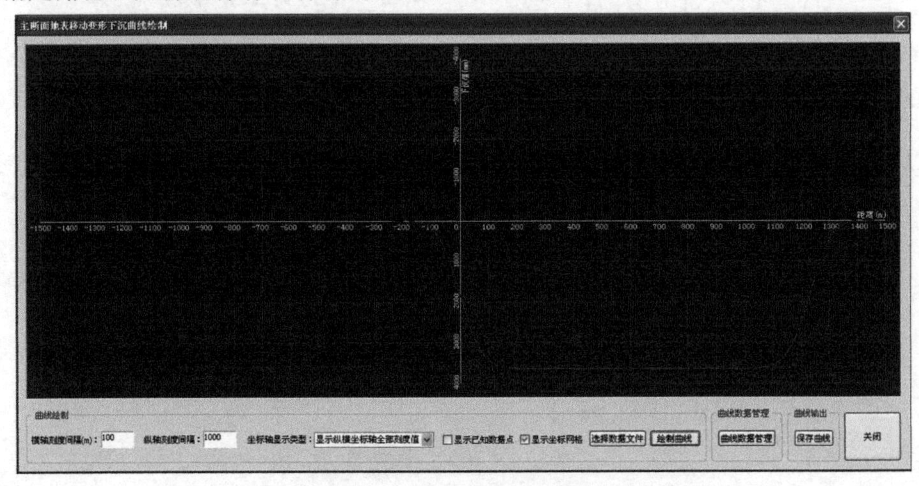

图 2-19　主断面地表移动变形下沉曲线绘制窗口

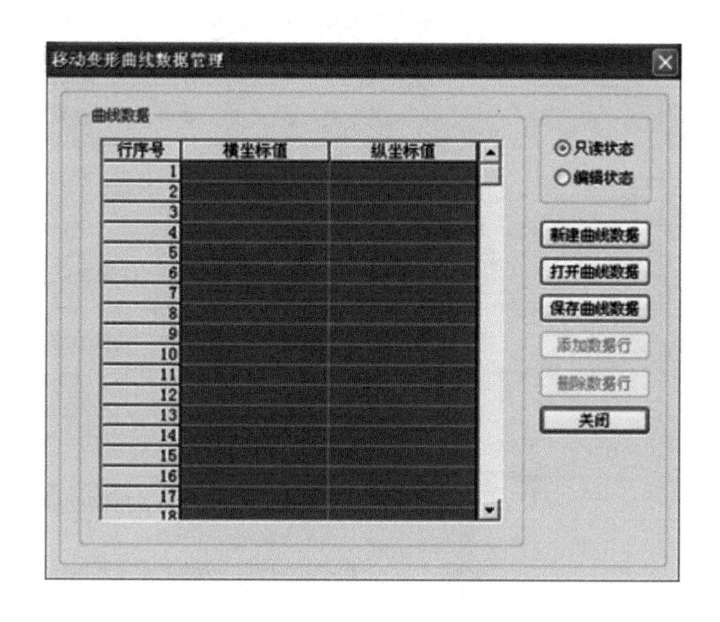

图 2-20　移动变形曲线数据管理窗口

(8) 地表移动变形等值线绘制

地表移动变形等值线绘制功能基于控件 ContourOCX 5.52 内嵌的离散点、规则网格点和不规则三角网生成等值线算法，根据等值线生成参数，通过数据初始化和插值运算实现了地表下沉等值线、倾斜等值线、曲率等值线、水平移动等值线和水平变形等值线的自动生成，不仅能够表示移动盆地内地表的移动变形分布规律，而且等值线可以圈定移动盆地的最外边界，临界变形值($i=3$ mm/m，$\varepsilon=2$ mm/m，$K=0.2$ mm/m^2)对应的等值线可以标绘出危险移动边界。

地表移动变形等值线绘制的基本过程如图 2-21 所示。

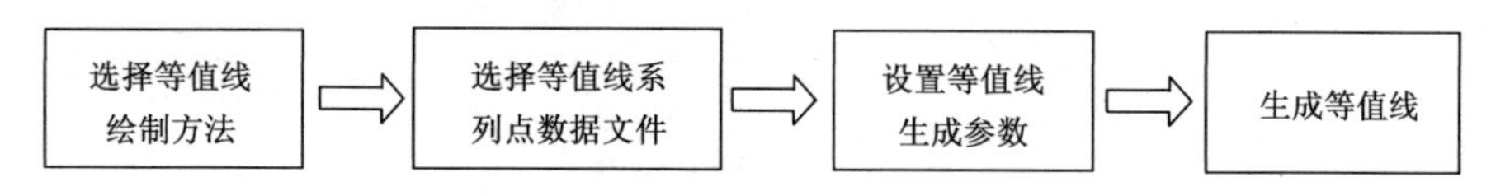

图 2-21　地表移动变形等值线绘制过程

在上述过程中，等值线生成参数设置是移动变形等值线绘制的核心部分，不同的生成方法所需要的参数如表 2-3 所示。

表 2-3 等值线生成方法与参数

等值线生成方法	等值线插值方法	等值线生成参数
离散点生成等值线	IIDW (Improved Inverse Distance Weighted)	加密线数：大于 0，如为－1，则以默认值 100 进行计算。 搜索最近点数：大于 0，如为－1，则按默认值进行搜索。 等值线间隔。 平滑参数：大于 0，如为－1，则按默认值 2 进行平滑
	IDW (Inverse Distance Weighted)	加密线数：大于 0，如为－1，则以默认值 100 进行计算。 搜索半径：大于 0。 距离的幂指数。 等值线间隔。 平滑参数：大于 0，如为－1，则按默认值 2 进行平滑。 是否至少要找到一个点。 搜索半径内找不到点处的填充值
	CFWAI (Core Function Whole Area Interpolation)	加密线数：大于 0，如为－1，则以默认值 100 进行计算。 等值线间隔。 平滑参数：大于 0，如为－1，则按默认值 2 进行平滑
	CFPAI (Core Function Part Area Interpolation)	加密线数：大于 0，如为－1，则以默认值 100 进行计算。 搜索最近点数：大于 0，如为－1，则按默认值进行搜索。 等值线间隔。 平滑参数：大于 0，如为－1，则按默认值 2 进行平滑。 距离的幂指数
	Ordinary Kriging	加密线数：大于 0，如为－1，则以默认值 100 进行计算。 搜索最近点数：大于 0，如为－1，则按默认值进行搜索。 等值线间隔。 平滑参数：大于 0，如为－1，则按默认值 2 进行平滑
	Nature Neighbor	等值线间隔。 平滑参数：大于 0，如为－1，则按默认值 2 进行平滑

表 2-3(续)

等值线生成方法	等值线插值方法	等值线生成参数
规则网格点生成等值线		数据总行数。 数据总列数。 等值线间距。 是否做插值:0,不做插值;1,做插值。 缺失值插补:1,对缺失值插补;0,对缺失值不插补。 要插补的无效值。 点间距:值越小等值线越平滑,通常取1。 细节值:值越大越平滑
不规则三角网生成等值线		等值线间距

在图2-22所示的交互窗口中,“显示数据点 Z 值”和“显示等值线 Z 值”复选按钮可以控制在等值线图中是否显示等值线系列点及其 Z 值和每条等值线 Z 值;选择等值线下拉列表框和【显示选择】按钮能够在等值线图中突出显示被选择 Z 值对应的等值线,【取消选择】按钮恢复等值线的正常显示状态;【等值线生成等值面】按钮可以完成等值线到等值面的转换,并以不同的颜色显示在窗口中。保存为矢量Shape文件操作能够将等值线保存为线(Line)类型或面(Polygon)类型的矢量Shape格式文件;【等值线数据管理】按钮能够通过图2-23所示的交互窗口,对生成等值线的系列离散点、规则网格点和不规则三角网边界数据进行浏览、新建、编辑、修改和保存等管理。

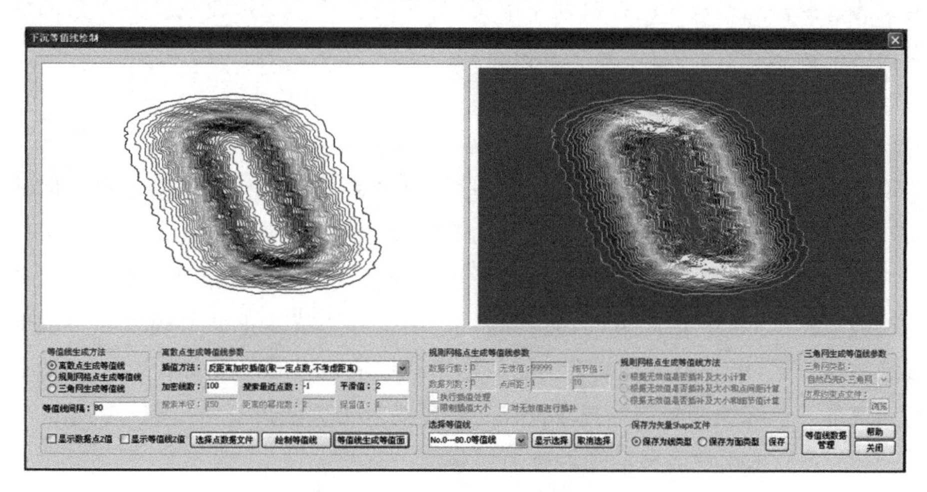

图 2-22　下沉等值线绘制窗口

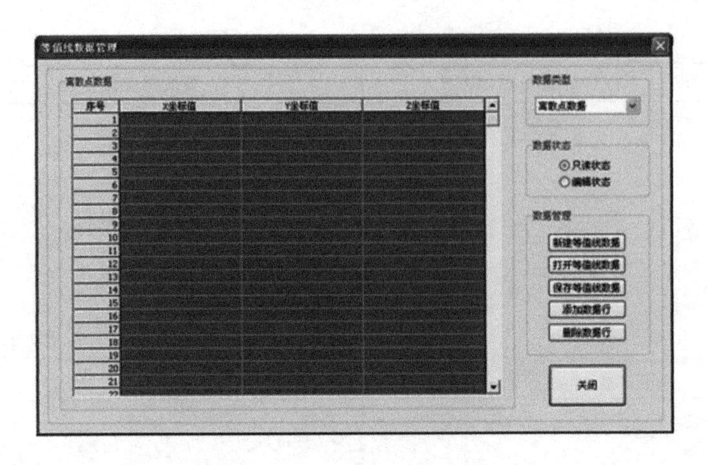

图 2-23　等值线数据管理窗口

2.4.2.3　数据处理工具

数据处理工具由主断面地表移动变形曲线数据提取、地表移动变形等值线数据提取、重复采动地表移动变形叠加计算、地表测点高程修正和 XY 相同测点信息提取组成。

(1) 主断面地表移动变形曲线数据提取

此工具能够在选定的走向或倾向主断面移动变形预测预警结果文件中，根据“主断面预计曲线绘制类型”和“提取数据类别”的参数设置，自动获取其中系列预测预警点的系统局部 X 坐标、Y 坐标和移动变形预测预警值，以曲线绘制定义的数据格式形成相应的数据文本文件，为地表移动变形曲线绘制数据的建立提供了快捷高效的方法，其交互窗口如图 2-24 所示。

(2) 地表移动变形等值线数据提取

此工具通过如图 2-25 所示的交互窗口，可以在选定的主断面移动变形计算结果、地表任意点沿走向(倾向)移动变形计算结果或地表任意点沿指定方向移动变形计算结果文件中，根据“地表移动变形预计坐标值提取类型”和“提取数据项选择”的参数设置，自动获取其中系列预测预警点的系统自定义局部坐标或矿区经纬坐标 X 值、Y 值和下沉、倾斜、曲率、水平移动或水平变形等单项移动变形预测预警值，以等值线绘制定义的数据格式形成相应的数据文本文件，为地表移动变形等值线绘制数据的建立提供了快捷高效的方法。

(3) 重复采动地表移动变形叠加计算

在煤层群开采、厚煤层分层开采、同一煤层相邻多工作面开采和任意形状工

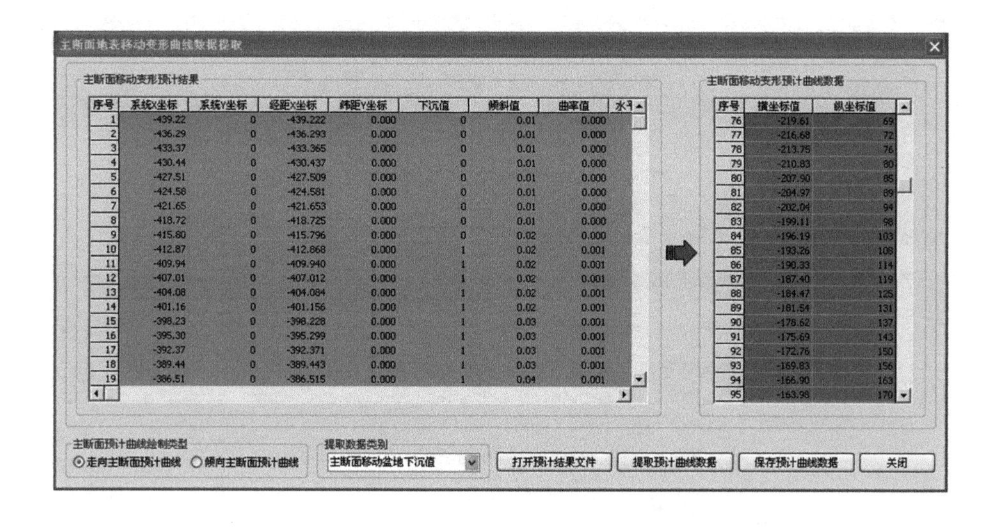

图 2-24　主断面地表移动变形曲线数据提取窗口

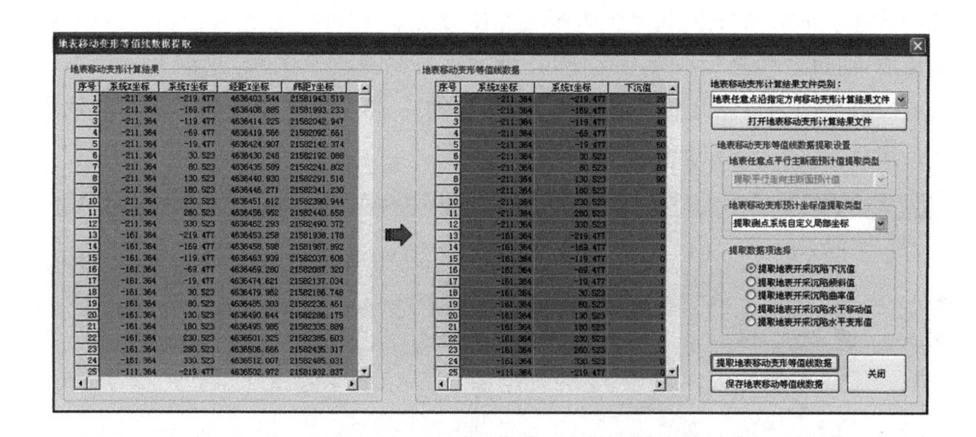

图 2-25　地表移动变形等值线数据提取窗口

作面微矩形化分割预测预警时，地表受多次开采的影响而产生移动、变形或破坏。重复采动地表移动变形叠加计算工具允许用户根据选择的“叠加移动变形预计结果文件类型”，一次选择多个预计结果文件，通过“移动变形叠加数据项”复选组合，从每个预计结果文件中检索出经纬坐标相同预测预警点的移动变形值进行叠加处理，形成由全部预测预警点组成的重复采动移动变形叠加结果，其交互窗口如图 2-26 所示。

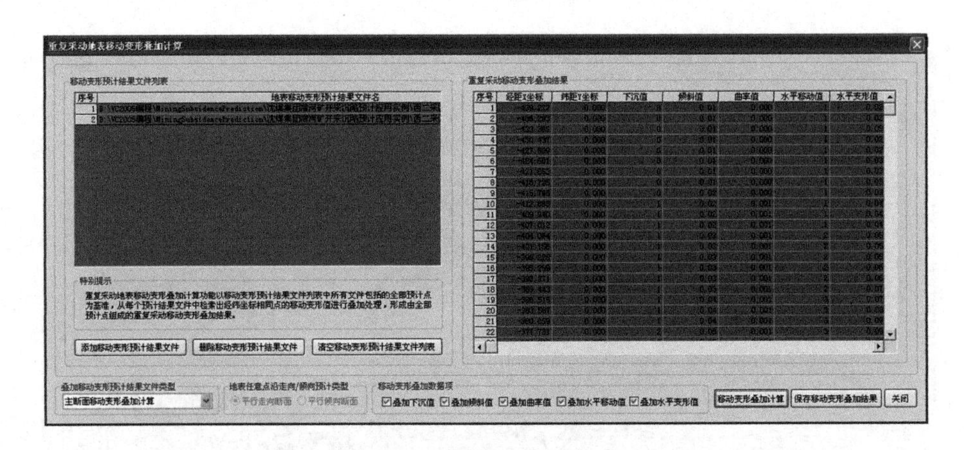

图 2-26　重复采动地表移动变形叠加计算窗口

(4) 地表测点高程修正

地表测点高程修正工具能够对已知高程的地表系列测点，利用由测点开采沉陷预计下沉值文件或指定类别的地表移动变形计算结果文件输入的测点高程变化值，通过经纬坐标匹配与检索，计算地表各测点的新高程，反映开采影响区域内地表形态的最新变化，为井田三维地形的生成与空间处理提供基础的地形数据信息，其交互窗口如图 2-27 所示。

地表测点高程修正

地表测点高程修正信息

序号	测点经距坐标X	测点纬距坐标Y	测点高程	测点下沉值	测点修正后高程
1	4636403.544	21581943.519	120.200	0.020	120.180
2	4636408.885	21581993.233	130.100	0.030	130.070
3	4636414.225	21582042.947	140.500	0.040	140.460
4	4636419.566	21582092.661	141.600	0.050	141.550
5	4636424.907	21582142.374	145.300	0.060	145.240
6	4636430.248	21582192.088	150.800	0.070	150.730
7	4636435.589	21582241.802	156.700	0.080	156.620
8	4636440.930	21582291.516	160.400	0.090	160.310
9	4636446.271	21582341.230	156.300	0.094	156.206
10	4636451.612	21582390.944	153.200	0.100	153.100
11	4636456.952	21582440.658	150.100	0.120	149.980
12	4636462.293	21582490.372	123.900	0.125	123.775
13	4636453.258	21581938.178	121.800	0.130	121.670
14	4636458.598	21581987.892	119.600	0.138	119.462
15	4636463.939	21582037.606	116.200	0.142	116.058
16	4636469.280	21582087.320	116.100	0.150	115.950
17	4636474.621	21582137.034	116.400	0.160	116.240
18	4636479.962	21582186.748	115.700	0.178	115.522
19	4636485.303	21582236.461	115.500	0.210	115.290
20	4636490.644	21582286.175	114.900	0.240	114.660
21	4636495.985	21582335.889	114.800	0.289	114.511
22	4636501.325	21582385.603	114.700	0.312	114.388
23	4636506.666	21582435.317	113.900	0.389	113.511
24	4636512.007	21582485.031	112.700	0.401	112.299
25	4636502.972	21581932.837	128.500	0.428	128.072
26	4636508.312	21581982.551	130.100	0.530	129.570

测点高程源数据
打开地表测点高程数据文件
测点高程变化值
由测点开采沉陷预计下沉值文件输入
打开测点开采沉陷预计下沉值文件
由地表移动变形计算结果文件导入
文件类别：
主断面移动变形计算结果文件
地表任意点沿走向/倾向计算类型：
沿平行走向主断面计算
打开地表移动变形计算结果文件
修正地表测点高程
清空测点高程修正数据
保存地表测点高程修正结果
帮助
关闭

图 2-27　地表测点高程修正窗口

(5) X、Y 相同测点信息提取

X、Y 相同测点信息提取工具的交互窗口如图 2-28 所示，可以在两个测点

XYZ 文本数据文件存储的信息中，检索出 *XY* 坐标相同的系列测点，并根据保存 *Z* 值选择的设置，形成包含 *XY* 或 *XYZ* 信息的处理结果，辅助地表测点高程修正和井田三维地形生成。

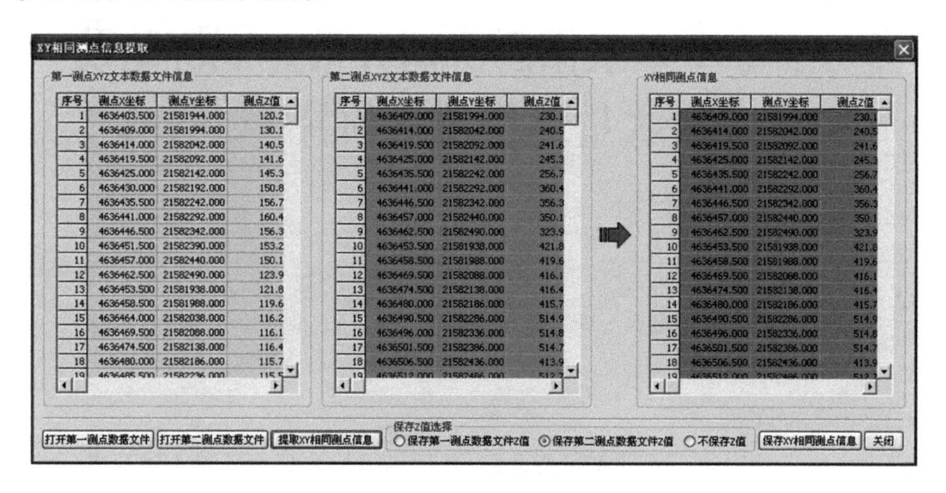

图 2-28　*XY* 相同测点信息提取窗口

2.5　地表沉陷一级保护标准的取值

对目前国内关于地表建构筑物保护规范《建筑物、水体、铁路及主要井巷煤柱留设与压煤开采规程》《建筑地基基础设计规范》《公路路基设计规范》，以及各省级标准等进行整理分析，暂确定一级保护标准取值如下：水平变形 $\varepsilon \leqslant \pm 2.0$ mm/m，倾斜变形 $i \leqslant \pm 3.0$ mm/m，曲率变形 $K \leqslant \pm 0.2 \times 10^{-3}$/m。

3 水库下多工作面协调开采库底沉陷及水量运移预测预警

3.1 工程概况

3.1.1 井田地质简介

3.1.1.1 井田地层

大平煤矿井田位于康平煤田西南侧，井田内地层系统与区域地层基本一致，前震旦系变质岩系构成煤田基底，侏罗系含煤地层不整合于老地层之上，侏罗系之上为白垩系，再上为第四系(图 3-1)。

(1) 前震旦系

变质岩系构成井田基底，它与上覆侏罗系不整合接触。岩性为绿色片岩为主，在井田东部。含煤地层沉积较厚，在第 6 勘探线以西最深为 650 m。

(2) 侏罗系

① 建昌组。该组地层出露甚少，主要分布在东岗子、孙家屯及孟家窝堡一带。岩性为火山集块岩，具有气孔构造，并有燧石充填，方解石脉发育。该组厚度为 50.5～160.3 m，与前震旦系变质岩系呈不整合接触，直接覆于其上。

② 三台子组。

· 底部砾岩段：该段主要以紫红色、灰绿色砾岩为主，并夹有薄层砂岩等。多为泥质胶结，砾石的磨圆度较差，多具有棱角，砾石分选性亦较差，砾石成分多以绿色片岩、花岗片麻岩为主，同时亦混有少量的石英及火山岩砾石。该段地层平行不整合覆于建昌组之上，厚度为 50.4～300.6 m。

· 砂岩段：由灰色、灰白色砂岩组成，岩石层理不发育在砂岩段中偶夹有薄层煤及炭质页岩等。该段厚度变化规律是从西向东、由南向北沉积逐渐加厚，因此井田内多数钻孔终孔层位在本段中。本段厚 25.4～240.3 m。

· 含煤段：主要以煤层为主，间夹炭质页岩、黑色泥岩、油页岩及粉砂岩。煤

地层系统				地层柱状	最大厚度/最小厚度 一般厚度 /m	岩性描述及化石
界	系	组	段			
新生界	第四系				15.1/3.3 7	腐殖土，黏土，砾岩 （不整合）
中生界	白垩系	孙家湾组	紫色砂岩层段		660.2/220.8 350	以紫色粉砂岩、细砂岩为主，并夹砂质泥岩、中砂岩、粗砂岩及砂砾岩，下部紫红色层及灰绿色层呈交互层，其岩性以泥质为主，较易风化
			灰绿色砂岩泥岩段		89.1/2.3 40	以灰绿色粉砂岩、细砂岩为主，夹砂质泥岩或中砂岩及粗砂岩，并夹薄层砂砾岩，其底部普遍有一层较厚的砂砾岩层沉积 （不整合或平行不整合）
	侏罗系	三台子组	泥岩段		75.4/2.41 18	上部泥岩层为灰绿色泥岩，夹粉砂岩、细砂岩，偶夹薄岩砂砾岩，顶部含黄铁矿晶体，下部为黑色泥岩
					38/2.8 14	下部黑色泥岩夹深灰色粉砂岩，富含动物化石
			油页岩段		36/2.1 15	黑褐色油页岩夹黑色泥岩、粉砂岩、泥灰岩及菱铁矿透镜体
			含煤段		58.7/0.59 20	煤层有2～39个自然分层，为一复合煤层，一、二层煤普遍发育，三层煤零星分布，最大可采厚度为16.67 m。夹石由煤质页岩、黑色泥岩、油页岩及粉砂岩组成
			砂岩段		240.3/25.4 150	由灰色、灰白色砂岩组成，间夹炭质页岩、粉砂岩、砾岩或薄煤层
			底部砂砾岩		300.6/50.4 170	主要以紫红色、灰色、灰绿色、灰白色砾岩为主，夹砂岩、砂质泥岩及砂砾岩，顶部以灰色砾岩、砂砾岩较多，中下部主要为灰绿色和紫红色砾岩，砾石成分以片麻岩为主，并含有石英及火山岩砾石 （平行不整合）
		建昌组	火山岩		160.3/50.5 100	以火山集块岩为主，夹薄层安山岩，岩块有小气孔，其中有燧石充填 （不整合）
太古界	前震旦系					以片岩为主，有花岗岩及闪长岩侵入

图 3-1 井田煤系柱状图

层由2～39个自然分层组成，累计最大可采厚度为16.67 m。本井田煤层可划分为三个可采煤层。其中一、二层煤发育普遍，一层煤为主要可采煤层，而三层煤则零星分布，无工业价值。整个含煤段的厚度为0.59～58.7 m。

·油页岩段：为煤田内主要标志层，以黑褐色油页岩为主，夹黑色泥岩、粉砂岩、泥灰岩及菱铁矿透镜体。底部普遍有一层薄黏土层，厚度不超过2 cm。距煤层顶板8～14 m，是见煤前的良好标志。

·泥岩段：该段分为下部动物化石层和上部泥岩层。本层主要以灰绿色、黑色泥岩为主，夹有粉砂岩、细砂岩。层厚为2.41～75.4 m。

(3) 白垩系

该系在大平煤矿井田范围内比较发育，在向斜轴一带沉积最厚可达740 m，根据岩性特征，本系可分为灰绿色砂岩泥岩段和紫红色砂岩段。

灰绿色砂岩泥岩段：以灰绿色粉砂岩、细砂岩为主，夹泥岩、中砂岩、粗砂岩和砂砾岩。厚度为2.3～89.1 m，与下覆地层呈不整合或平行不整合接触。

紫红色砂岩层：以紫红色粉砂岩、细砂岩为主，夹泥岩、中砂岩、粗砂岩及砂砾岩。厚度为220.8～660.2 m。

(4) 第四系

井田内除在丘陵高岗地带有些白垩系地层表露外，其余均被第四系所覆盖。本系上部由0.20～0.50 m黑色腐殖土组成；中部为0.20～17.0 m灰黄色亚黏土；下部由1.50～5.0 m黄色粗砂组成，底部含有砾石。本系厚3.3～15.1 m。

3.1.1.2 构造

(1) 区域构造

康平煤田所处大地构造位置为新华夏构造体系第二沉降带与阴山—天山纬向构造带的交接复合部位，而区域构造位置则处于新华夏横行体系八虎山背斜和调兵山背斜与东西向卧牛石—开原凸起交接复合部位，受其纬向及新华夏构造体系的联合控制，盆地的形成与发展不仅从地质构造上反映如此，而且现在该区的山川地貌形势也反映出受这两种构造体系的控制。

(2) 井田构造

大平煤矿井田位于三台子向斜的西南部，占据向斜的大部分，煤层走向大体呈北西方向，岩层倾斜平缓，一般在7°～9°之间，向井田边缘地层倾角增大，最大可达23°。井田内构造以断裂为主，由于受断裂构造的影响，使得井田内褶曲构造反映不太明显，但尚能看出向斜的存在。由于地层倾角平缓，起伏幅度不大，东翼又为断层所限，故在底板等高线图上未出现向斜轴。

① 褶曲。康平煤田整体为一向斜构造,由于受后期改造的影响,致使向斜的东西两翼不对称。向斜轴由于岩层倾角平缓和断裂的破坏而不突出,但是看出向斜轴总的规律是由北向南逐渐加深,其轴向为 N35°W,向斜轴倾伏角为 6°,轴部最深处可达 830 m。

② 断裂。大平煤矿井田煤层中落差大于 3 m 的断层有 202 条,其中除 F1、F2、F3、F6、F37、SDF128、SDF149 七条断层落差较大外(30 m 以上),介于 10～30 m 之间(含 10 m)的断层有 50 条,其余均小于 10 m。

③ 岩浆岩。区域岩浆活动比较发育,主要分布在煤田的东部边缘,属喷出岩,对煤田影响不大。只有大平煤矿井田的东部边缘 4 号钻孔见到辉绿岩侵入与中性火山岩,对煤田亦无影响。按其活动分为晚侏罗世早期(煤系形成前)和古近纪、新近纪。

3.1.1.3 煤层

大平煤矿井田含煤地层由煤层、炭质页岩、黑色泥岩、油页岩及粉砂岩组成。倾角为 7°～9°,厚度为 2.22～44.77 m,一般为 15 m 左右。井田内共划分为三个可采煤层,其中一层煤在全区发育较好,为主要可采煤层,煤层结构简单,厚度大而稳定,煤层总厚 0.58～14.03 m,可采煤厚 0.73～10.18 m,夹矸厚 0.14～3.88 m。一层煤在井田的东部边缘结构变得复杂些,逐渐分叉,层间夹石增厚。一层煤和二层煤间距由南向北逐渐加大,可明显区分开,但在井田南部煤层集中、间距小,分层比较困难。二层煤可采范围主要分布在井田中部,其范围略小于一层煤。可采煤厚 0.70～7.18 m,夹矸厚 0.15～1.50 m。三层煤为零星分布,井田只有 52、64、184、377、433 号钻孔见有可采煤层,总厚 0.10～6.64 m。可采厚度为 0.73～1.84 m,由 3～7 个分层组成,夹矸厚 0.26～1.43 m。

各煤层的厚度和间距见表 3-1。

表 3-1 大平煤矿井田煤层厚度和间距

煤层	煤组厚度/m	纯煤厚度/m	可采厚度/m	煤层间距/m
一	0.58～14.03	0.29～10.39	0.73～10.18	一层煤和二层煤间距:0.12～13.77;二层煤和三层煤间距:2.62～24.43
平均	8.00	6.00	5.50	
二	0.15～8.74	0.15～7.18	0.70～7.18	
平均	3.00	2.00	1.70	
三	0.10～6.64	0.10～2.78	0.73～1.84	
平均	2.50	1.50	1.00	

3.1.1.4 水文地质

(1) 区域水文特征

根据本地区地貌类型，促成了本区无较大河流，只在井田中部有一人工水库——三台子水库。水库集水面积为 143 km^2，历年平均径流量为 1 430 万 m^3，径流深度为 0.1 m。

该水库水除地表径流外，主要来源之一是一条小河——李家河，发源于法库县老灵山和康平县西官边台子两地，径流于井田南部注入水库，集水面积为 59.9 km^2，河长 19 km，河宽一般为 10～20 m，比降为 4.79%。枯季无水，雨季水量偏大，最大洪水流量为 50～60 m^3/s(1958 年 8 月)，属于季节性河流。

库水的另一来源是经人工渠间接引辽(河)入库直接引于康平县城西的西泡子水库，渠长 15 km，渠宽 10 m，最大排水量为 20 m^3/s 左右。

(2) 含水层

该井田有侏罗系直接充水承压含水层，白垩系砂岩及砂砾岩承压含水层和第四系砂岩及砂砾岩承压含水层三个含水层。

① 侏罗系直接充水承压含水层。该层主要由灰白色砂岩及砂砾岩组成。泥质胶结，结构致密质软。赋存于煤层的中下部，一般厚度为 5～10 m。埋藏深度由西南向东北逐渐加深 300～850 m，平均深度为 575 m。

该含水层含水性及透水性很弱，全井田均属于弱含水区，根据抽水试验又将弱含水区划分三个亚区：第一亚区即井田南部，q=0.002～0.004 3 L/(m·s)，K_1=0.003 7～0.006 3 m/d；第二亚区即井田北西两边部，q=0.001～0.002 L/(m·s)，K_2=0.000 664～0.003 7 m/d；而第三亚区井田北部更弱，q<0.001 L/(m·s)，K_3=0.000 12～0.000 664 m/d。

根据水质分析，该层补给与径流条件是处于深层、高压、缺氧、导水性甚微的封闭构造的还原环境。同时也证明该含水层水与上部含水层水无水力联系。

② 白垩系砂岩及砂砾岩承压含水层。该含水层水根据其岩性和沉积建造环境条件及水文地质特征等可分为两段，即上部白垩系风化带含水段及白垩系下部微弱含水段。

该层水赋存深度由西南向东北逐渐加深，深度变化 150～700 m，厚度为 50～200 m，平均为 118.964 m。其水位标高为 79.2～87.6 m，由东北流向西南。

水质分析表明，该层的上部风化带含水段水主要来源于大气降水的直接补给，水量为 4.93 m^3/h。

③ 第四系砂岩及砂砾岩承压含水层。在井田内绝大部分无该含水层，大部

被残坡积亚黏土及黏土所覆盖，仅在井田东南角有一舌状冲洪积地带，面积约5 km^2。该含水层赋存在8.52～13.47 m厚的亚黏土及黏土之下，主要成分为以石英、长石为主的砂及砂砾。厚度由西向东逐渐增厚0～2.33 m。由西南流向东北。水量按单井达最大降深为25 m^3/h。底板埋藏深度为10.85～15.07 m，水质分析表明该层水主要来源于大气降水补给，但径流条件很差。

(3) 隔水层

该井田具有第四系黏土及亚黏土隔水层和侏罗系煤层顶板泥页岩隔水层两个隔水层。

① 第四系黏土及亚黏土隔水层。该层主要由黄色或黄褐色黏土和亚黏土组成，结构密实，含铁质结核，具可塑性，干硬。其分布西北薄东南厚1.3～13.47 m，平均为7.2 m。在水库底部的南北两侧约6 m，中部较厚约11 m，平均8 m左右。土工试验结果表明在2.66 m以下均起隔水作用。

② 侏罗系煤层顶板泥页岩隔水层。该层主要由黑色泥岩及黑褐色油页岩所组成，结构细腻，并直接赋存于煤层之上。在井田内普遍发育而稳定，由西南向东北逐渐加深，埋藏深度为136～770 m。厚度也随之增厚10～110 m，平均60 m左右。在水库底部规律也是如此，由西南向东北渐深变厚30～70 m，平均50 m，为本井田良好的隔水层。

(4) 断层导水性

据精查地质报告提供资料，大平煤矿井田钻探期间共实见21条断层，但经三维地震解释后，否定、修改19条，剩余2条断层(F32断层和F33断层)所处位置在地震勘探边界以外。

F32断层的倾向为300°，倾角为50°～60°，落差0～9 m。第161号孔在559.10 m见断层点；在45～582.00 m段(包括白垩系与侏罗系含水层)进行抽水试验，结果为q=0.001 93 L/(m·s)，K=0.001 1 m/d。水质为Cl-HCO_3-Na型水。

F33断层的倾向为0°，倾角为50°～60°，落差0～26 m。第365号孔在490.18 m见断层点；在75～510.00 m(包括白垩系与侏罗系含水层)进行抽水试验，结果为q=0.004 19 L/(m·s)，K=0.006 3 m/d。水质为Cl-Na型水。

根据上述抽水及水质分析成果表明，断层的富水性弱，导水性差。鉴于上述断层破碎带的厚度较小，并为泥质物充填紧密，导水极弱，可谓闭合断层，对矿床充水影响几乎没有。

(5) 井田水文地质类型

井田内直接充水含水层主要由侏罗系粗砂岩及砂砾岩微弱的裂隙孔隙承压含水层组成。虽然粗砂岩疏软多裂隙，但单位涌水量均小于0.004 3 L/(m·s)，而且断层带导水极弱，并且煤层顶部有较厚的油页岩、泥岩和含水层间有良好隔水性能的泥岩、粉砂岩层，所以，与地表水以及各含水层间无水力联系，根据《矿井水文地质规程》，大平煤矿井田划为水文地质条件简单的二类一型矿床。

(6) 矿井涌水量

矿井最小涌水量为33.69 m^3/h，最大涌水量为64.50 m^3/h。

(7) 矿井瓦斯涌出量

矿井绝对瓦斯涌出量为0.938～11.63 m^3/min，相对瓦斯涌出量为0.38～4.674 m^3/t，为低瓦斯矿井。

(8) 煤炭自然发火期

煤的自然发火期为1～3个月，最短为21 d。

(9) 煤尘爆炸指数

矿井煤尘爆炸指数为47.12%～48.97%。

3.1.2 矿井开拓及采准系统

3.1.2.1 矿井开拓系统

大平煤矿开拓系统为立井单水平集中大巷上下山走向长壁采区式开拓(图3-2)。在工业广场内布置三条立井，分别为主井，立井和风井。在－315 m水平南北两翼布置三条水平大巷，分别为带式输送机大巷、轨道大巷和回风大巷。全井田共划分为7个采区，分别为北一采区、北二采区、北三采区、南一采区、南二采区、南三采区和南四采区。目前，正在开采的是北一采区和南二采区。

3.1.2.2 矿井采准系统

采区内也分别布置带式输送机上(下)山，轨道上(下)山和回风上(下)山。其中北一采区为上山双翼采区，划分为9个区段；北二采区为下山单翼采区，划分为5个区段；北三采区为上山单翼采区，划分为4个区段；南一采区为上山单翼采区，划分为6个区段；南二采区为下山双翼采区，划分为16个区段；南三采区为上山双翼采区，划分为10个区段；南四采区为下山双翼采区，划分为17个区段(图3-2)。

3.1.2.3 工作面回采工艺方式

工作面开采采用综合机械化放顶煤回采工艺方式，顶板管理采用全部垮落法。

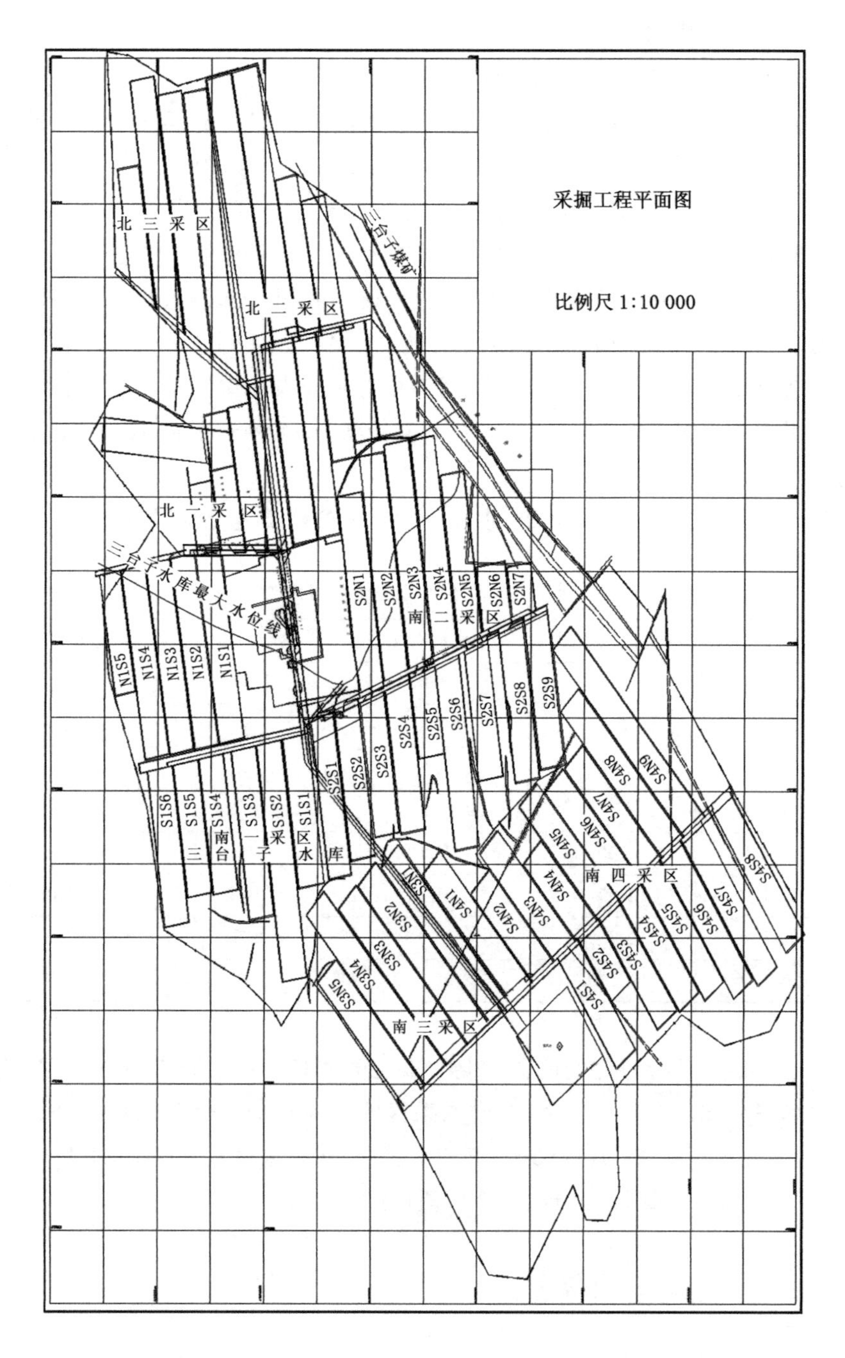

图 3-2 大平煤矿矿井采掘工程平面图

3.1.3 三台子水库概况

三台子水库建成于1943年，面积为13.6 km^2，库容为2 523×10^4 m^3，库区最低标高+79.2 m。水库坝高7 m，长4 210 m，坝顶宽5 m，底宽40 m，坡度为1/2.5。坝顶标高+86.4 m，坝底标高+79.4 m。水库集水面积为143 km^2，历年平均径流量为1 430×10^4 m^3，径流深度为0.1 m。

除地表径流外，库水主要来源之一是李家河。李家河为季节性河流，发源于法库县老灵山和康平县西官边台子两地，径流于井田南部注入水库。该河集水面积为59.9 km^2，河长19 km，河宽一般为10～20 m，枯季无水，雨季水量偏大，最大洪水流量为50～60 m^3/s。库水另一来源是经人工渠间接引辽(河)入库和直接引于康平县城西的西泡子水。人工渠长度为15 km，渠宽10 m，最大排水量为20 m^3/s左右。

2004年至2006年水库面积、水深、库容、水位标高变化情况见表3-2。

表3-2 三台子水库主要特征参数

一般与极值	库容/(10^4 m^3)	水位标高/m	水深/m	水库面积/km^2
最大	5 600	83.98	5.58	17.0
最小	600	80.20	0.80	7.0
一般	2 523	82.00	2.60	13.6
2004年8月		79.4(库底)	0.6～0.8	
2005年6月	700	80.4	1.0	7.0
2005年8月12日	1 300	81.4	2.0	10.0
2005年8月18日	2 260	82.1	2.7	14.1
2006年8月	2 160	82.0	2.6	13.5

库水全部或部分覆盖的区段有北一采区的N1S1～N1S5等5个区段，南一采区的S1S1～S1S6等6个区段，南二采区的S2N1～S2N7、S2S1～S2S9等16个区段，南三采区的S3N1～S3N5等5个区段、南四采区的S4N1、S4N2、S4N3、S4N5、S4N8等5个区段，共计37个区段(图3-2)。

3.2 库区地理信息系统

3.2.1 系统功能架构

库区地理信息管理系统基于ArcGIS 9.0的ArcGIS Engine组件对象提供

的高效的空间信息处理能力及强大的决策支持服务，通过建立井田地表三维数字模型，提供空间数据管理，实现库区地形的三维显示、空间查询和空间分析，预测地表变形引起的水体的运移规律，评价井下开采的水患威胁程度，分析地表沉陷破坏等级，为科学编制井下开采计划，优化各采区、各工作面间的协调开采方案，防止矿井突水灾害，实现库区水体下的安全、经济开采奠定基础。

系统由地图管理、DEM 表面生成、数据转换、三维显示、三维分析、统计图表绘制和系统管理等功能组成，其基本结构如图 3-3 所示。

3.2.2 库区地形三维模型建立方法

库区地表三维模型是库区地理信息管理的重要基础，由数字高程 DEM (Digital Elevation Model)模型建立。

DEM 是描述地表起伏形态特征的空间数据模型，表示为研究区域上地形表面形态空间位置和地形高程属性分布的三维向量的有限序列，即 $V_i=f(x_i, y_i, z_i)(i=1,2,\cdots,n)$。DEM 采用规则或不规则多边形拟合面状空间对象的表面，是各种地学分析、工程设计和辅助决策的重要基础。

在系统中，DEM 表面采用不规则三角网 TIN（Triangulated Irregular Network)方法生成。在 TIN 模型中，采用狄洛尼(Delaunay)三角剖分生成三维数字高程模型，其过程包括：

(1) 利用已知初始点集 P 的平面坐标产生 Delaunay 三角网

Delaunay 三角网为相互邻接且互不重叠的三角形的集合，具有如下特性：

① Delaunay 三角网是唯一的；

② 三角网的外边界构成了点集 P 的凸多边形“外壳”；

③ 没有任何点在三角形的外接圆内部；

④ Delaunay 三角网中的三角形最接近于等边三角形；

⑤ 如果将三角网中的每个三角形的最小角进行升序排列，则狄洛尼三角网的排列得到的数值最大。

(2) 给 Delaunay 三角形中的节点赋予高程值

Delaunay 三角剖分是基于狄洛尼法则、最大最小角度法则和局部最优化过程实现的。狄洛尼法则(即空圆法则)：任何一个 Delaunay 三角形的外接圆的内部不能包含其他任何点。最大最小角度法则：在由两相邻的三角形构成的凸四边形中，交换此四边形的两条对角线，不会增加这两个三角形六个内角总和的最小值。局部最优化过程：交换凸四边形的对角线，可获得等角性最好的三角网。

Delaunay 三角网的逐点插入生成算法如下：

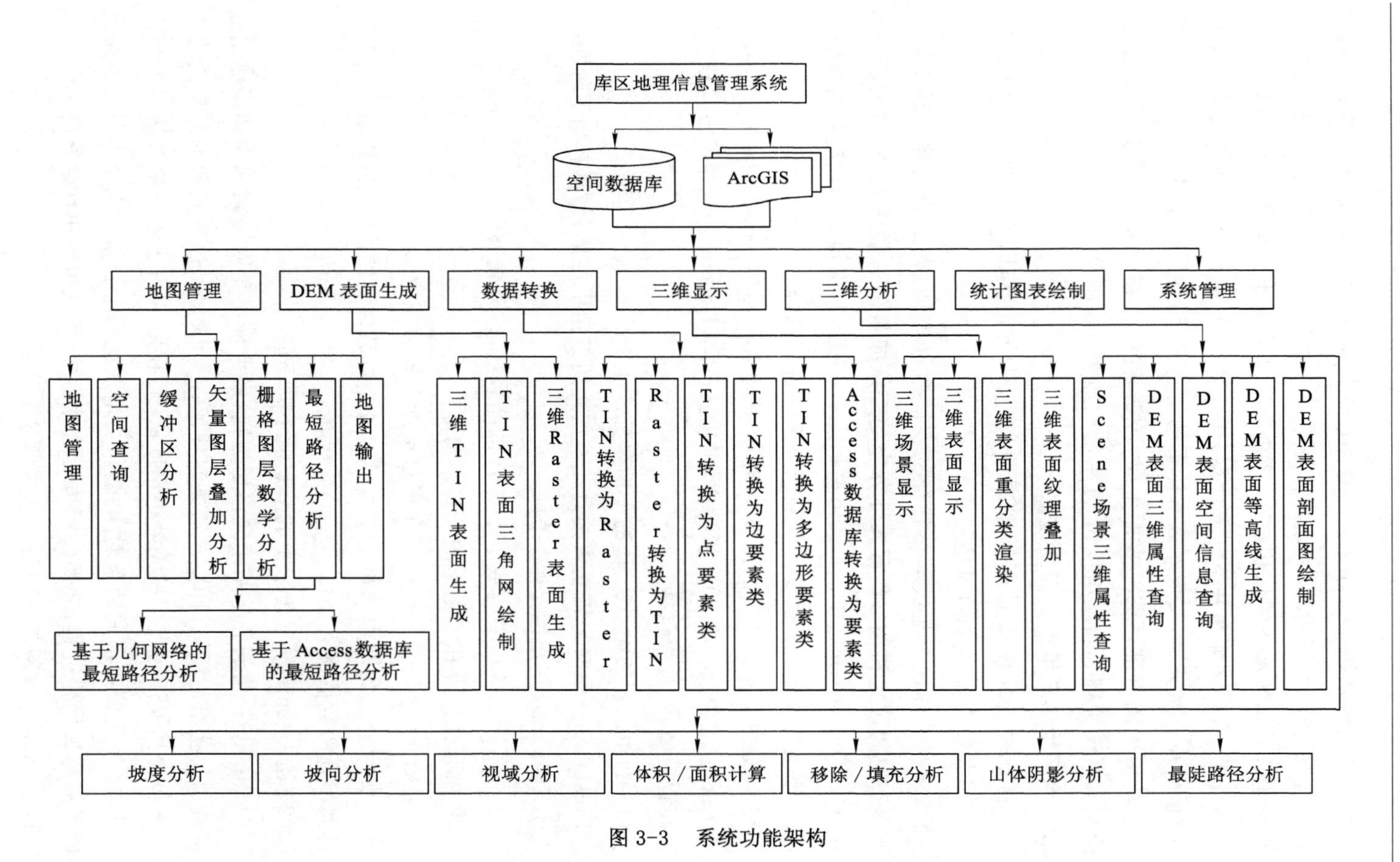
库区地理信息管理系统
空间数据库
ArcGIS
地图管理
DEM表面生成
数据转换
三维显示
三维分析
统计图表绘制
系统管理
地图管理
空间查询
缓冲区分析
矢量图层叠加分析
栅格图层数学分析
最短路径分析
地图输出
基于几何网络的最短路径分析
基于Access数据库的最短路径分析
三维TIN表面生成
TIN表面三角网绘制
三维Raster表面生成
TIN转换为Raster
Raster转换为TIN
TIN转换为点要素类
TIN转换为边要素类
TIN转换为多边形要素类
Access数据库转换为要素类
三维场景显示
三维表面显示
三维表面重分类渲染
三维表面纹理叠加
Scene场景三维属性查询
DEM表面三维属性查询
DEM表面空间信息查询
DEM表面等高线生成
DEM表面剖面图绘制
坡度分析
坡向分析
视域分析
体积/面积计算
移除/填充分析
山体阴影分析
最陡路径分析

图 3-3　系统功能架构

① 首先提取整个数据区域的最小外界矩形范围，并以此作为最简单的凸闭包。

② 按一定规则将数据区域的矩形范围进行格网划分，为取得理想的综合效率，可以限定每个格网单元平均拥有的数据点数。

③ 根据数据点的(x,y)坐标建立分块索引的线性链表。

④ 剖分数据区域的凸闭包形成两个超三角形，所有的数据点都一定在这两个三角形范围内。

⑤ 按照③建立的数据链表顺序在④的三角形中插入数据点。首先找到包含数据点的三角形，进而连接该点与三角形的三个顶点，简单剖分该三角形为三个新的三角形。

⑥ 根据 Delaunay 三角形的空圆特性，分别调整新生成的三个三角形及其相邻的三角形。对相邻的三角形两两进行检测，如果其中一个三角形的外接圆中包含有另一个三角形除公共顶点外的第三个顶点，则交换公共边。

⑦ 重复⑤、⑥，直至所有的数据点都被插到三角网中。

由上述算法生成的三台子水库库区地表三角网如图 3-4 所示。

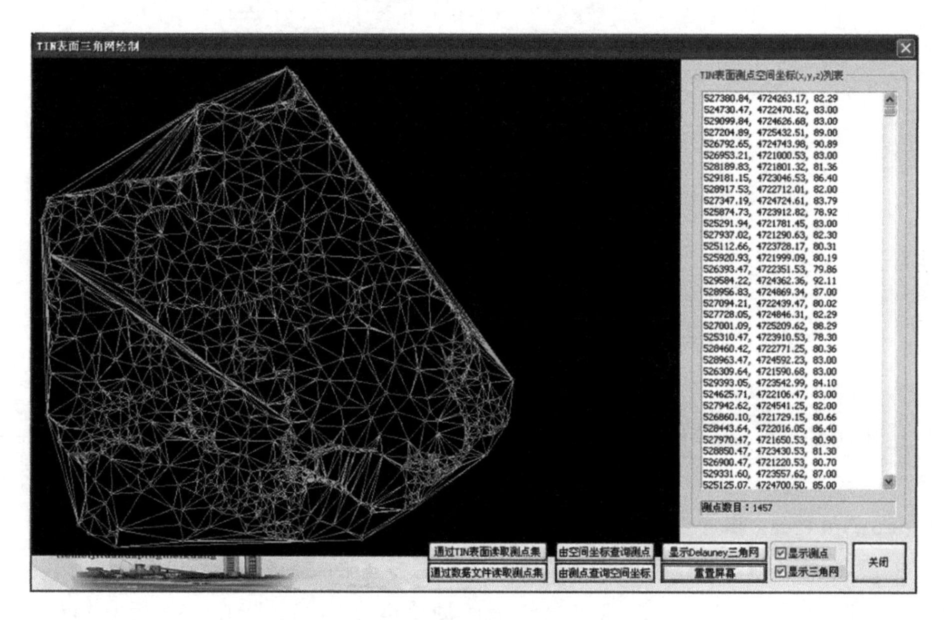

图 3-4　库区地表 Delaunay 三角网

3.2.3 ArcGIS Engine 应用开发技术

ArcGIS Engine 是基于 ArcObjects 构建，对 ArcObjects 中的大部分接口、类等进行封装所构成的独立的嵌入式二次开发 GIS 组件库，由包括对象库、控件、工具条和工具集及 COM、.NET、Java 和 C++应用程序接口 APIs 的 Software Developer Kit 和支持运行 ArcGIS Engine 开发的应用程序所需要的运行时环境 Runtime 两部分组成，具有简洁、灵活、易用和可移植性强等的特点，提供了快速高效地构建 GIS 应用的解决方案。

ArcGIS Engine 的体系结构如图 3-5 所示。

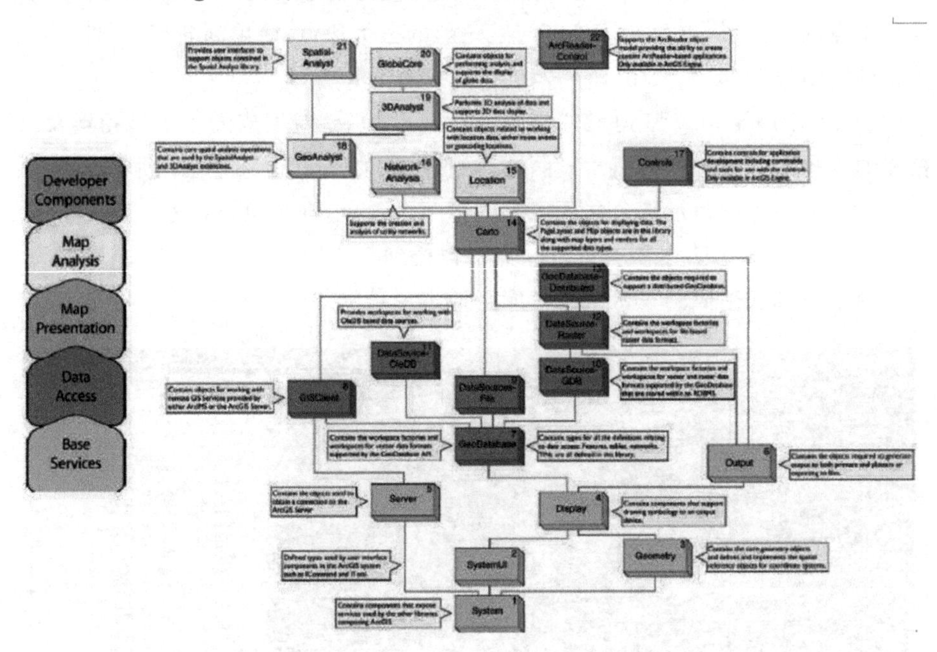

图 3-5　ArcGIS Engine 体系结构示意

由图 3-5 可知，ArcGIS Engine 组件库在逻辑上可以分为基本服务（Base Services）、数据访问（Data Access）、地图展现（Map Presentation）、地图分析（Map Analysis）和开发组件（Developer Components）五类功能：

· 基本服务：包含了 ArcGIS Engine 中最核心的 ArcObjects 组件。

· 数据访问：包含了访问包含矢量或栅格数据的 GeoDatabase 所有的接口和类组件。

· 地图展现：包含了 GIS 应用程序用于数据显示、数据符号化、要素标注和专题图制作等需要的组件。

・地图分析：提供了对栅格数据的创建、查询和分析功能。

・开发组件：包含了进行快速开发所需要的全部可视化控件，如 SymbologyControl、GlobeControl、MapControl、PageLayoutControl、SceneControl、TOCControl、ToolbarControl 和 LicenseControl 控件等。此外，该库还包括大量可以由 ToolbarControl 调用的内置 Commands、Tools 和 Menus，它们可以极大地简化二次开发工作。

ArcGIS Engine 的核心组件库包括：

・System 库：是 ArcGIS 框架中最底层的对象库，包含了被其他对象库使用的一些组件。用于初始化 Engien 许可的 AoInitializer 就包含在 System 库中。

・SystemUI 库：包含了 ArcGIS 系统中所使用的用户界面组件的接口定义，如 ITool、ICommand 等。

・Geometry 库：包含了核心的几何形体对象，处理存储在要素类中的几何图形或其他图形，如点、多边形、线及其几何类型和定义等，还定义和实现了空间参考对象，包括地理坐标系统、投影坐标系统和地理变换对象等。

・Display 库：包含了用于显示 GIS 数据的对象。除包含向输出装置输出图像的显示对象外，还包含符号表示和颜色使用的对象和交互时提供给用户可视化反馈的对象等。

・Controls 库：包含了应用程序开发中用到的控件，包括在控件中使用的命令和工具。

・Carto 库：包含了为数据显示服务的对象，PageLayout、Map、MxdServer 和 MapServer 对象在这库中，以及支持各种数据类型的图层，渲染。

・Geodatabase 库：包含了所有相关数据组织的定义类型，要素、表、网络、TIN 都在此库中定义。

・DataSourcesFile 库：包含了为支持的矢量数据格式文件提供的工作空间工厂和工作空间。

・DataSourcesGDB 库：包含了为存储在 RDBMS 中的矢量和栅格数据提供的工作空间工厂和工作空间。

・DataSourcesOleDB 库：提供了操作"基于对象连接和嵌入数据库"(OLE_DB-based)的数据源的工作空间。

・GeoDatabse Distributed 库：提供了地理数据库导入/导出工具，支持企业级地理数据库的分布式访问。

· DataSourcesRaster 库：包含了为基于文件方式的栅格数据提供的工作空间工厂和工作空间。

· Server 库：包含了连接 ArcGIS Server 的对象，以及管理这个连接的对象。

· GISClient 库：包含了作用于远程 GIS Web 服务的对象。这些远程服务可以由 ArcIMS 或 ArcGIS Server 提供。

· GeoAnalyst 库：包含了核心的空间分析功能，这些功能可以通过 SpatialAnalyst 和 3DAnalyst 扩展模块来使用。

· SpatialAnalyst 库：包含了用于进行栅格与矢量数据空间分析的对象。

· 3DAnalyst 库：包含了用于进行数据 3D 分析以及支持 3D 数据显示的对象。在这个库中有一个控件 SceneControl 可用。

· NetworkAnalysis 库：支持应用网络的创建和分析。

· GlobeCore 库：包含用于进行球体数据分析以及支持球体数据显示的对象。在这个库中有一个控件 GlobeControl 可用。

· Output 库：包含了生成输出所必需的对象，即打印输出对象 Printer 和转换输出对象 Export。

· Location 库：包含了与位置数据操作相关的对象。位置数据可以是路径事件，或者地理编码的位置。

在 ArcGIS Engine 组件库中，每一组件类定义了实现不同功能的接口(Interface)。接口是一种定义程序的协定，是包含一组函数的数据结构，它本身并不提供它所定义的成员的实现，而只是指定实现该接口的类或接口必须提供的成员，可以实现类能够完成的任何任务。通过不同的接口，GIS 应用程序可以访问和执行对应组件类的不同属性和功能。

ArcGIS Engine 的应用开发就是基于 ArcGIS Engine 的应用程序接口 APIs，在所支持的面向对象的软件开发平台中，按照项目的具体需求，利用 ArcGIS Engine 所提供的控件、组件类和接口获取 GIS 功能，以构建一个强大、复杂、独立的应用程序的过程，如图 3-6 所示。

3.2.4 系统主要功能设计与实现

3.2.4.1 三维 TIN 表面生成

三维 TIN 表面生成是利用研究区域内通过空间数据采集获得的有限离散点集，经过空间数据内插处理，基于 DEM 表面建模算法，通过 ArcGIS Engine 的 Tin 组件类和 ITinEdit 接口实现的，其过程为：

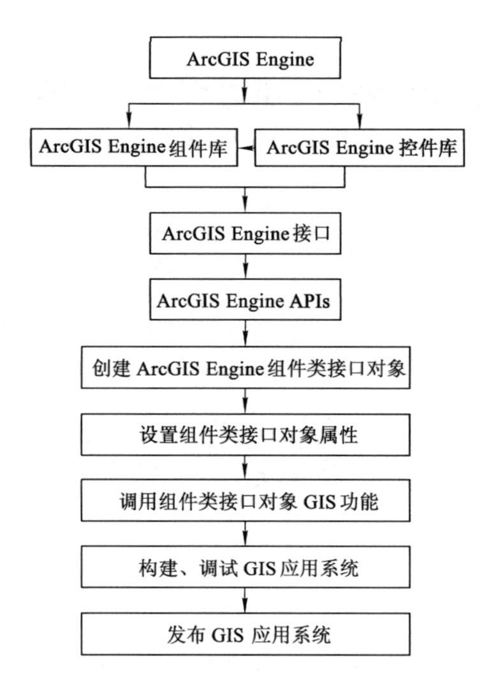

图 3-6　ArcGIS Engine 应用开发基本过程

① 加载一个具有高程信息的 feature class 数据集，该数据集是生成 TIN 的源数据。

② 获得 feature class 的空间引用构建 TIN：

· 以 feature class 创建 IGeoDataSet 对象；

· 创建 IEnvelope 和 ISpatialReference 接口对象，利用 IGeoDataSet 对象的 get_Extent 和 get_SpatialReference 属性得到 feature class 的 Extent 和 SpatialReference，并分别将其赋给 IEnvelope 和 ISpatialReference 接口对象，利用 IEnvelope 的 putref_SpatialReference 属性将已获得的 SpatialReference 赋给 IEnvelope 接口对象；

· 创建 TIN 对象，同时获得它的 ITinEdit 接口，利用 ITinEdit 接口的 InitNew 方法创建 TIN，已创建的 IEnvelope 接口对象作为该方法的输入对象，该新创建的 TIN 就具有了 feature class 的空间引用。

③ 使用 ITinEdit 接口的 AddFromFeatureClass 方法将 feature class 中的高程信息赋给 TIN。

④ 使用 ITinEdit 接口的 SaveAs 方法保存已生成的 TIN。

三维 TIN 表面生成模块的交互窗口如图 3-7 所示。

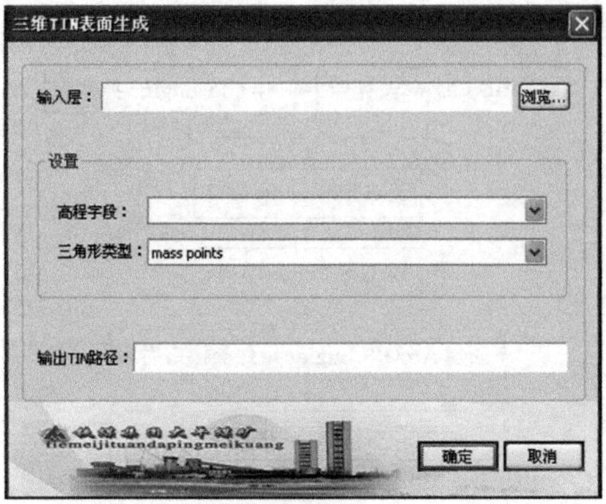

图 3-7　三维 TIN 表面生成窗口

3.2.4.2　三维表面显示

三维表面显示是利用 DEM 数字高程模型，应用透视变换原理绘制立体透视图的过程，通过调整视角点、视角等参数，以逼近人们直观视觉的方式从不同方位、不同距离可视化地描述研究区域内地面的立体形态，其基本过程如图 3-8 所示。

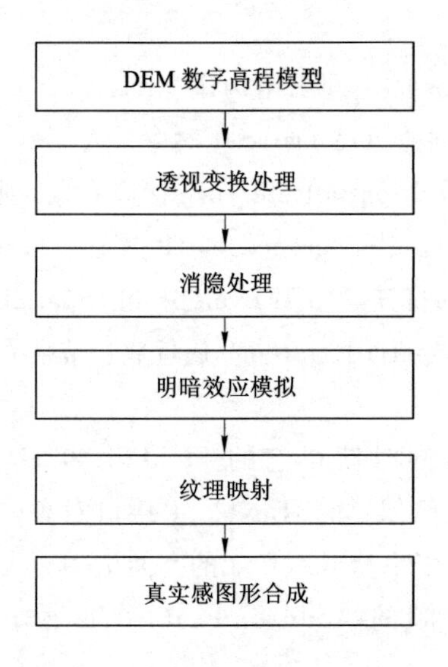

图 3-8　三维表面显示基本过程

三维表面显示功能模块是基于 ArcGIS Engine 的 SceneViewer 控件和图 3-9 所示组件类及接口的事件、方法和属性实现的。SceneViewer 控件提供了三维场景的三维显示和分析窗口;Scene 组件类是矢量、栅格和图形数据显示与处理的容器,其中的 IScene 接口提供了控制 Scene 的方法和属性;SceneGraph 组件类是记录在 Scene 中出现的数据和事件的容器,其中的 ISceneGraph 接口提供了控制和处理 Scene 中图形的方法和属性。

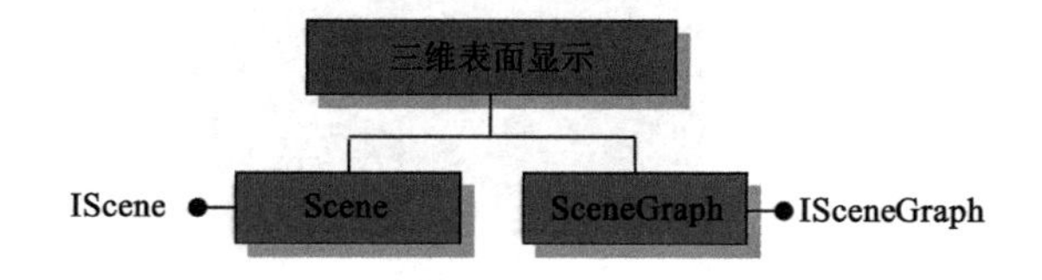

图 3-9 三维表面显示的组件与接口模型

三维表面显示功能模块的实现过程为:

① 加载 DEM 表面模型,获取空间数据集对象 IDataset。

② 利用 IDataset 对象获得 IScene 接口:

· 通过 SceneViewer 控件的方法 GetSceneGraph 获得 ISceneGraph 接口对象;

· 利用 ISceneGraph 接口对象的方法 get_Scene 得到 IScene 接口对象。

③ 利用 IScene 接口提供的方法显示 DEM 表面图层:

· 判断加载的 DEM 表面模型类型,如果是 TIN,则建立 ITinLayer 对象;如果是 Raster,则建立 IRasterLayer 对象。

· 通过 ITinLayer 对象的方法 putref_Dataset 或 IRasterLayer 对象的 CreateFromDataset 创建 DEM 表面图层。

· 利用 IScene 接口的 AddLayer 添加所创建的 DEM 表面图层,在 SceneViewer 控件窗口中实现 DEM 表面的动态显示。

三维表面显示功能的交互窗口如图 3-10 所示。工具栏提供的三维场景浏览操作可以实现缩放、拖动和旋转等处理,可以从多方位、多角度、实时地展现三维 DEM 表面。

3.2.4.3 DEM 表面三维属性查询

DEM 表面三维属性查询功能模块基于 ArcGIS Engine 的 SceneViewer 控件和图 3-11 所示组件类及接口的事件、方法和属性,在三维场景中通过单击 DEM 表面,基于空间数据库检索、查询算法实时获取该查询点的地理坐标和高

图 3-10　三维表面显示窗口

程信息。

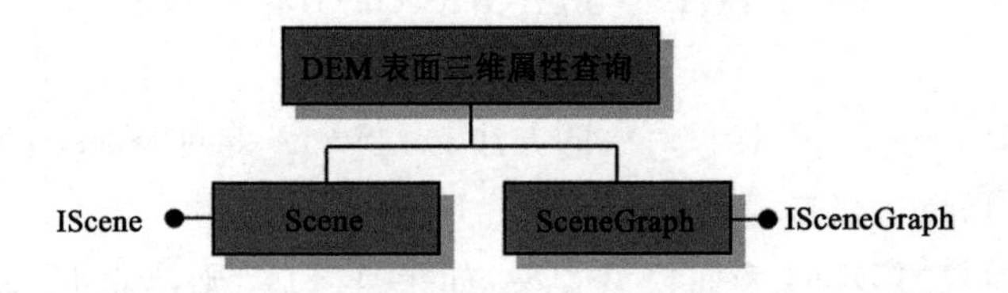

图 3-11　DEM 表面三维属性查询的组件对象与接口模型

DEM 表面三维属性查询功能的实现过程如下：

① 在 SceneViewer 控件中加载 DEM 表面，生成三维场景。

② 通过 SceneViewer 控件的方法 GetSceneGraph 获得三维场景的 ISceneGraph 接口对象。

③ 利用 ISceneGraph 对象的方法 get_ActiveViewer 获得 ISceneViewer。

④ 调用 ISceneGraph 接口的方法 Locate 获得三维场景单击定位的 IPoint 对象。

⑤ 利用 IPoint 接口的属性 get_X、get_Y 和 get_Z 获得单击点处的地理坐标 xy 和高程 z 值。

⑥ 弹出属性窗口，显示查询结果。

DEM 表面三维属性查询功能的交互窗口如图 3-12 所示。

图 3-12　DEM 表面三维属性查询窗口

3.2.4.4　DEM 表面等高线生成

等高线是由一个有序的坐标点序列表示的具有相同高程值属性的简单多边形或多边形弧段的集合，能够实现以下主要功能：

① 能够反映地貌中的山地、盆地、山脊、山谷等自然形态。

② 可以确定地面水体已知水位标高程下的水域分布范围和水漫边界。

DEM 生成等值线的基本原理为：利用 DEM 高程点集的高程值内插出等高线点，并将这些等高线点按顺序排列（即等高线追踪），然后利用这些顺序排列的等高线点的平面坐标 x、y 进行插补，即进一步加密等高线点，并绘制为光滑的曲线。

系统的等高线生成功能模块能够加载 TIN 或 Raster 类型的 DEM 表面，自动计算出该表面的高程范围，通过输入的等高距和基等高线值计算出输出等高线的最大、最小等高线值和等高线数量等信息，利用等高线生成算法完成等高线的自动生成。

该功能模块是基于图 3-13 所示的 ArcGIS Engine 组件对象和接口的方法和属性实现的。由于 TIN 和 Raster 数据源不同，它们采用不同的接口和方法生成等高线。

Raster 类型的 DEM 表面生成等高线的过程为：

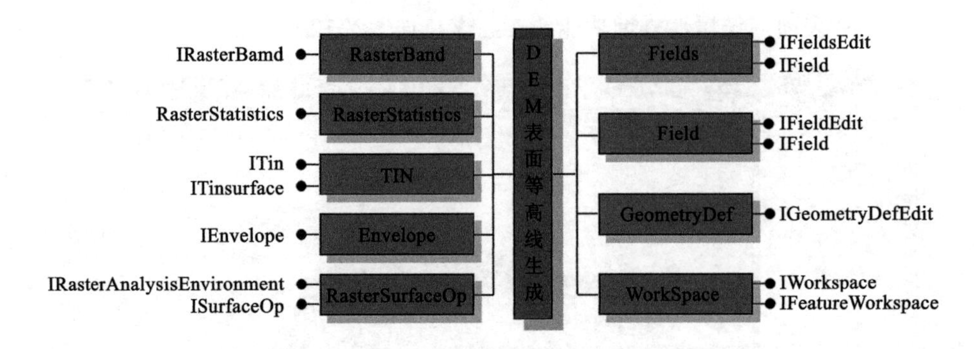

图 3-13　DEM 表面等高线生成的组件对象与接口模型

① 加载 Raster 类型的 DEM 表面,并利用该表面的数据集 Dataset 创建 IRasterDataset 对象,该对象为生成等高线的 Raster 数据集。

② 利用 IRasterDataset 创建 IGeoDataset 地理空间数据集对象。

③ 创建 RasterSurfaceOp 类型的 ISurfaceOp 接口对象,同时得到该对象的 IRasterAnalysisEnvironment 接口对象。IRasterAnalysisEnvironment 接口提供了设置等高线输出路径的属性 putref_OutWorkspace。

④ 以 ShapefileWorkspaceFactory 类创建 IWorkspaceFactory 对象,利用该对象的方法 OpenFromFile 和等高线输出路径获得一个 IWorkspace 接口对象, IWorkspace 接口对象作为输出工作区。通过 IRasterAnalysisEnvironment 接口的方法 putref_OutWorkspace 将设置的工作区赋给输出的等高线。

⑤ 执行 ISurfaceOp 接口的方法 Contour 生成 Raster 表面等高线, FeatureClass 类型的结果输出到 IGeoDataset 接口对象。利用 IGeoDataset 接口的 Rename 方法将生成的等高线命名为用户输入的名称。

TIN 类型的 DEM 表面生成等高线的过程为:

① 加载 TIN 类型的 DEM 表面,并利用该表面的数据集 Dataset 创建 ITinSurface 对象,作为生成等高线的 TIN 数据集。

② 以 ShapefileWorkspaceFactory 类创建 IWorkspaceFactory 对象,利用该对象的方法 OpenFromFile 和等高线输出路径获得一个作为输出工作区的 IWorkspace 接口对象。以 IWorkspace 为输入对象创建 IFeatureWorkspace 接口。

③ 创建 IField 和 IFieldEdit 对象,利用 IFieldEdit 的方法 put_Name、put_Type、putref_ GeometryDef 以“Shape”字段名称、“Geometry”字段类型和

“Polyline”几何形体类型创建 Shape 字段。

④ 创建 IFields 和 IFieldsEdit 对象，利用 IFieldsEdit 的方法 AddField 将 Shape 字段添加到 IFields 字段集。

⑤ 利用 IFeatureWorkspace 对象的方法 CreateFeatureClass 和 IFields 字段集、设置的等高线文件名创建 IFeatureClass 对象和 Shapefile 文件。

⑥ 执行 ITinSurface 对象的方法 Contour 生成 TIN 表面等值线。

DEM 表面等高线生成模块的交互窗口和处理结果分别如图 3-14 和图 3-15 所示。

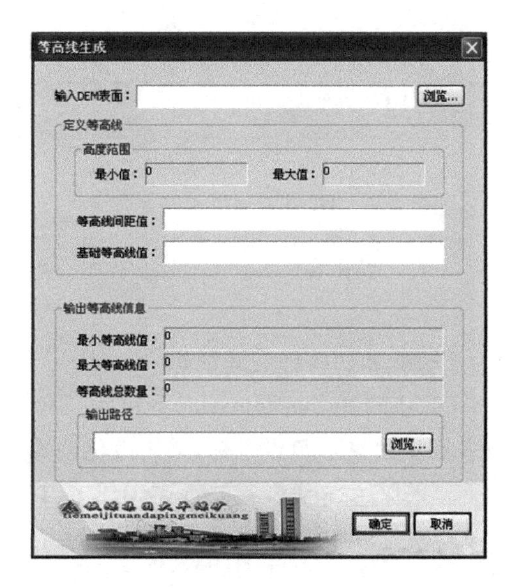

图 3-14　DEM 表面等高线生成窗口

3.2.4.5　DEM 表面体积/面积计算

体积和面积是 DEM 表面重要的地形特征，可以表示地面水体已知水位高程下的水域大小和蓄水量，为工程规划与设计、水资源管理、水环境监测评估等提供重要的决策支持。DEM 表面体积、面积计算原理介绍如下。

DEM 表面体积由四棱柱和三棱柱的体积进行累加得到。四棱柱上表面采用抛物双曲面拟合，三棱柱上表面以斜平面拟合，下表面均为水平面或参考平面，计算公式分别为：

$$V_3 = \frac{Z_1 + Z_2 + Z_3}{3} S_3 \tag{3-1}$$

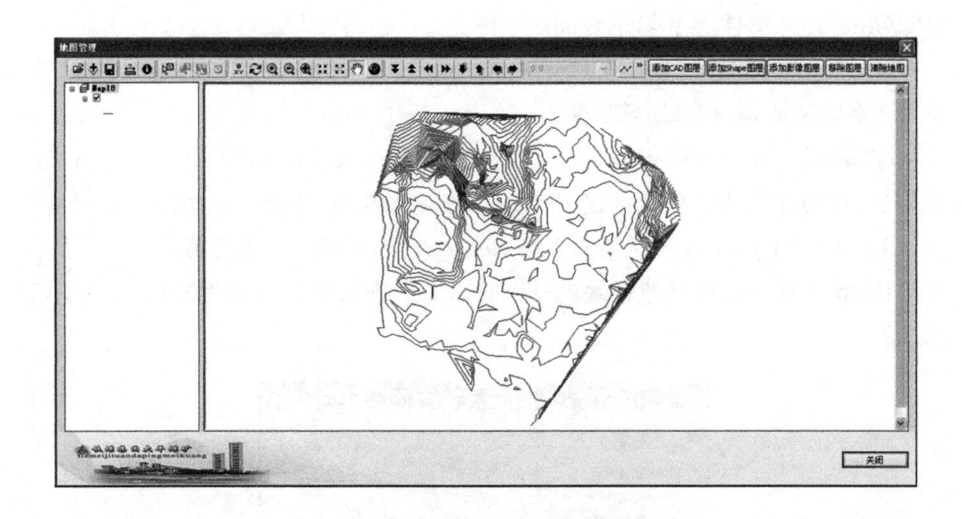

图 3-15　DEM 表面生成的等高线

$$V_4 = \frac{Z_1 + Z_2 + Z_3 + Z_4}{4} S_4 \tag{3-2}$$

式中，S_3 与 S_4 分别为三棱柱和四棱柱的底面积。

DEM 表面积是将 DEM 的每个格网(Grid)分解为三角形，每个三角形的表面积的总和。三角形表面积由三个角点坐标，采用海伦公式计算：

$$\begin{cases} S = \sqrt{P(P - D_1)(P - D_2)(P - D_3)} \\ P = \dfrac{1}{2}(D_1 + D_2 + D_3) \\ D_i = \sqrt{\Delta x^2 + \Delta y^2 + \Delta z^2} \quad (i = 1, 2, 3) \end{cases} \tag{3-3}$$

式中，D_i 表示第 i 对三角形两顶点之间的表面距离。

DEM 表面投影面积是任意多边形在水平面上的面积，采用梯形法则计算。如果一个多边形由顺序排列的 N 个点$(x_i, y_i)(i=1,2,\cdots,N)$组成，并且第 N 点与第 1 点相同，则水平投影面积计算公式为：

$$S = \frac{1}{2} \left| \sum_{i=1}^{N=1} (x_i y_{i+1} - x_{i+1} y_i) \right| \tag{3-4}$$

系统的 DEM 表面体积/面积计算功能模块能够加载 DEM 表面，根据设置的参考平面标高，基于 ArcGIS Engine 的 TIN 组件类及其 ITinSurface 接口，快速计算出该参考平面之上或之下的体积、表面积和投影面积，其实现过程如下：

① 加载 TIN 类型 DEM 表面模型，获取空间数据集对象 IDataset。

② 以 IDataset 创建 ITin 对象。

③ 获得 ITin 对象的 ITinSurface 接口对象。

④ 调用 ITinSurface 接口对象的 GetVolume、GetSurfaceArea 和 GetProjectedArea 方法分别计算已知参考水平面之上或之下的体积、表面积和水平投影面积。

⑤ 显示和保存计算结果。

DEM 表面体积/面积计算模块的交互窗口如图 3-16 所示。

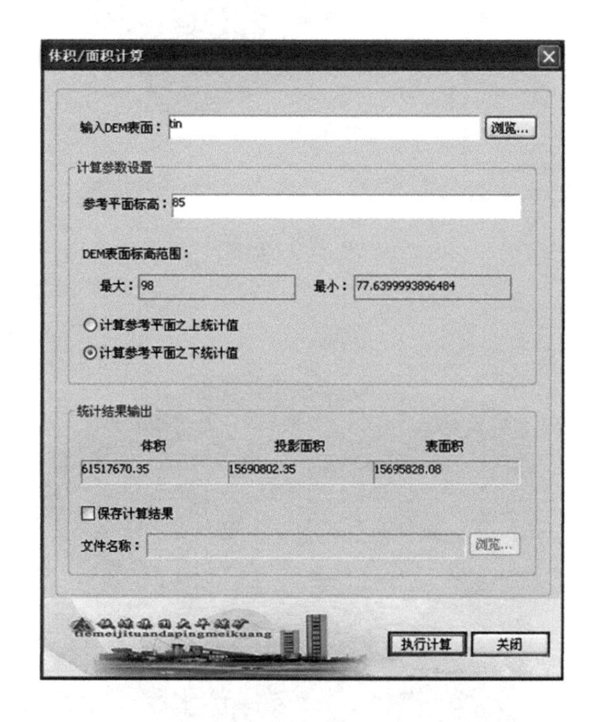

图 3-16　DEM 表面体积/面积计算窗口

3.2.5　初始库区模型及库水分布范围

把 1 509 个库区原始坐标点数据导入 ArcGIS 后，生成库区模型(图 3-17)。该模型为本项目研究的初始模型。2005 年 4 月水库的水位标高为 82.00 m，库水分布范围如图 3-18 所示。

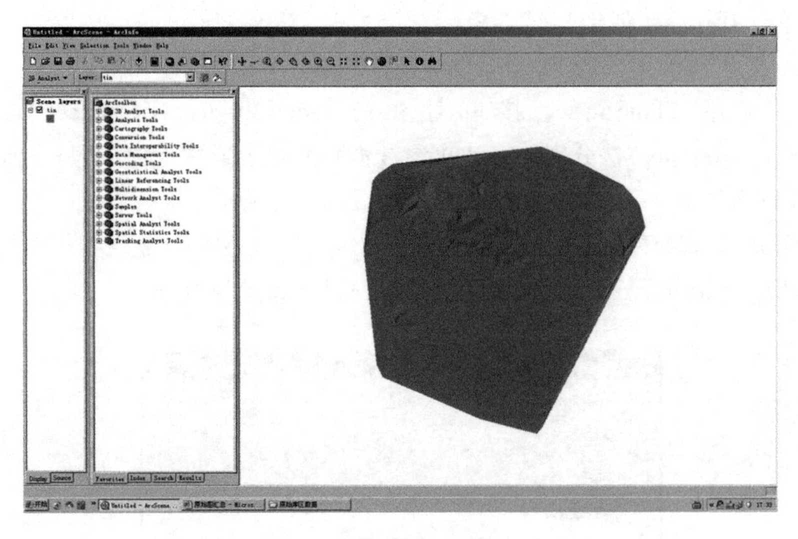

(a) 库区 GIS 模型

(b) 纵坐标放大 20 倍的库区GIS 模型

图 3-17　初始库区 GIS 模型

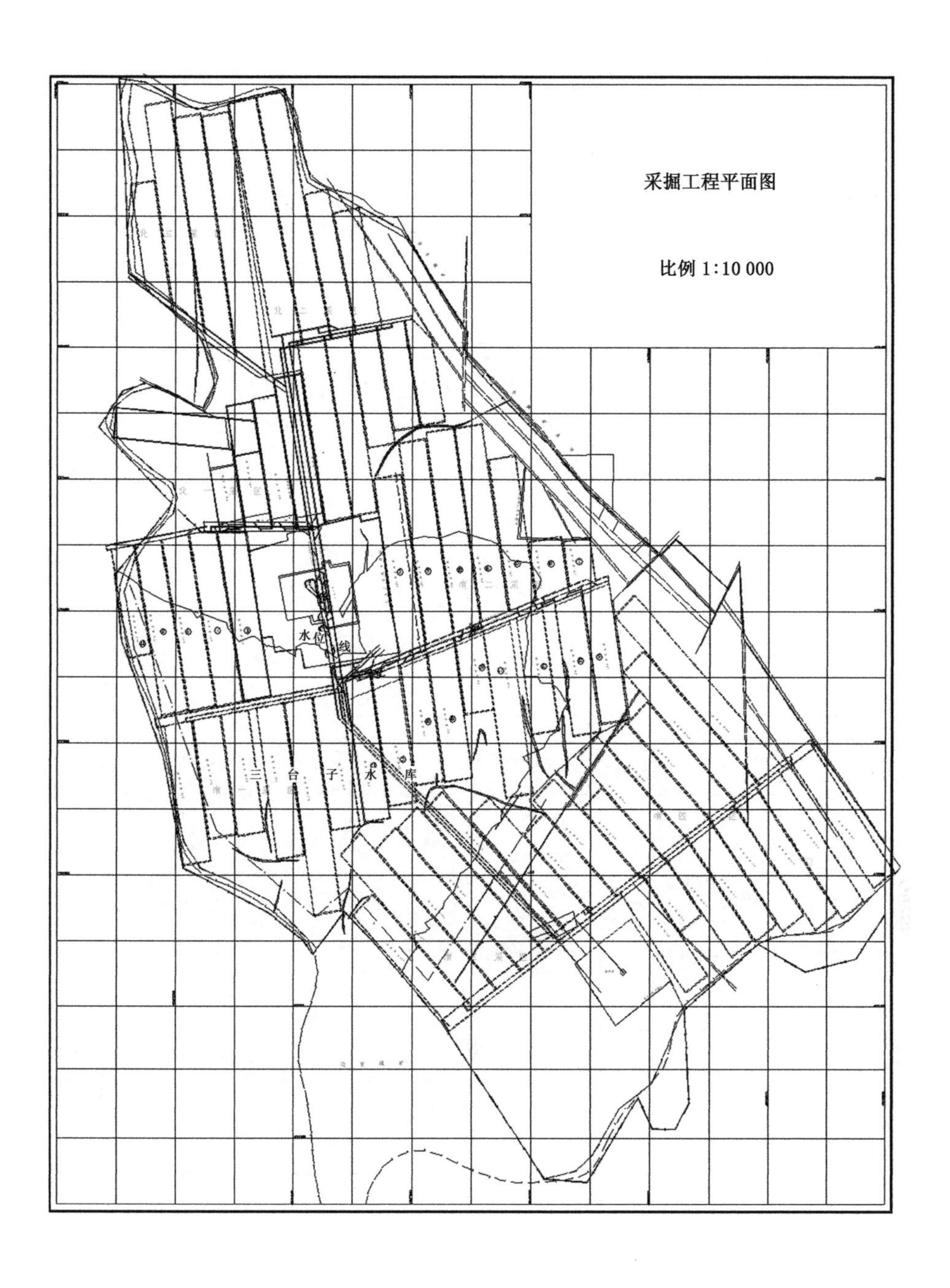

图 3-18 初始库区的水位线位置

3.3 开采计划分析

根据大平煤矿北一采区及南二采区的现行开采计划,利用开采沉陷预测预警软件系统、ArcGIS 地理信息系统、SUFER 绘图软件,EXCEL 表格计算软件等,对研究范围内的北一采区及南二采区的其中 17 个工作面开采后引起的地表下沉盆地、水库水位线变化及库水运移情况进行分析研究,最后获取现行开采计划实施后各区段水下开采面积及总面积。

3.3.1 首采工作面的水下开采面积确定

按照现行开采计划,17 个工作面的开采顺序为:S2S9→N1S3→S2N7→N1S4→ S2N2→ S2N6→N1S5→S2S8→S2N5→S2S6→S2S4→S2N4→S2S7→S2S3→S2N3→S2S5→S2S1。首采工作面为 S2S9,其开采前的库区状态为前 4 个工作面开采后的状态,水位线标高为 81.63 m。

按照前 4 个工作面分析的流程,首先在采掘工程平面图上圈定 S2S9 工作面的水下开采面积,圈定结果为 0,即无库水覆盖(图 3-19)。

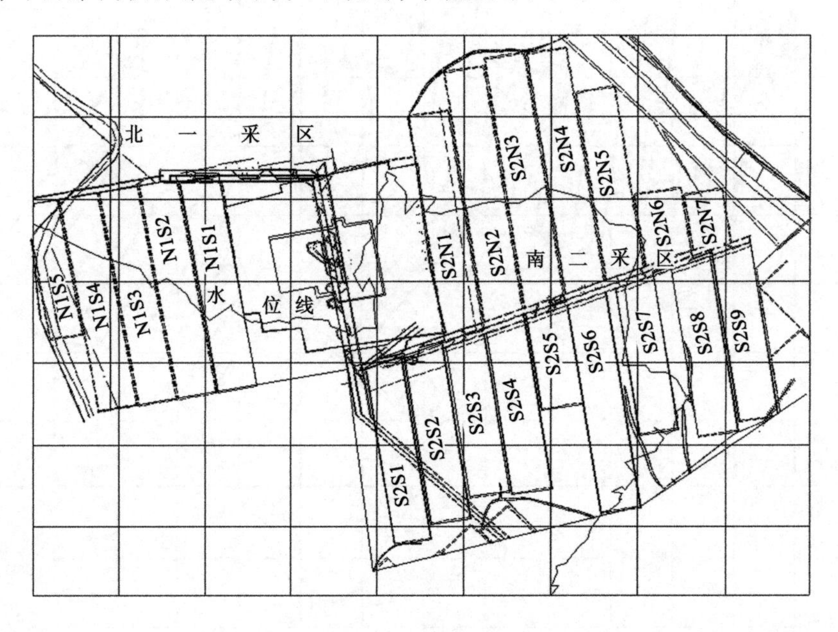

图 3-19 S2S9 工作面

3.3.2 首采工作面开采下沉盆地预测预警

将 S2S9 工作面参数和预测预警参数分别输入开采沉陷预测预警软件中,

得到预测预警结果,并在 GIS 中生成开采下沉盆地(图 3-20)。

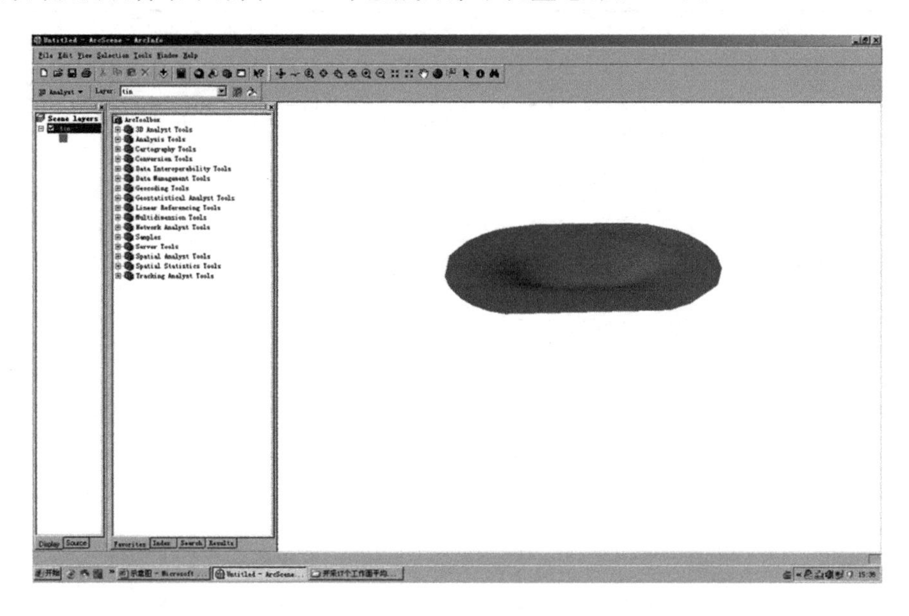

图 3-20　开采 S2S9 工作面形成的下沉盆地(纵坐标放大 15 倍)

3.3.3　S2S9 工作面下沉盆地的 GIS 库区模型嵌入

根据 2.4.1 节中所述,在 SURFER 中生成下沉盆地等高线,并圈定出 S2S9 工作面等效盆地面积为 1 936 589.30 m²。利用式(2-25)计算等效下沉盆地的平均下沉值为 0.41 m。

把前 4 个工作面开采后的库区模型数据导入 EXCEL 软件中,对 S2S9 工作面等效盆地范围内的库区原始坐标点进行圈定。把该范围内的原始坐标点的纵坐标减去平均下沉量后,再把修正后的坐标点数据嵌入库区模型数据中,形成回采 S2S9 工作面后的库区模型数据库。最后把新的库区数据库导入 ArcGIS 中,生成新的库区模型。

在新形成的 GIS 库区模型上生成库区等高线,根据库区水量查找出相应的水位线,再把该水位线嵌入采掘工程平面图(CAD 图)上,为分析下一工作面做好准备。

3.3.4　库区工作面全采后分析

按照以上分析过程,分别对其余 16 个工作面进行分析。总计 17 工作面下沉盆地特征参数如表 3-3 所示。

表 3-3　实施现行开采计划时各工作面下沉盆地特征参数

序号	工作面名称	圈定范围坐标	等效面积 /m²	下沉盆地体积 /m³	平均下沉量 /m
1	S2S9	(528 866.7,4 722 692.9) (530 031.4,4 724 355.6)	1 936 589.30	797 607.90	0.41
2	N1S3	(525 238.5,4 722 936.2) (526 172.1,4 724 675.9)	1 624 158.10	2 034 250.20	1.25
3	S2N7	(528 636.5,4 723 765.4) (529 745.0,4 724 916.9)	1 276 465.40	319 594.70	0.25
4	N1S4	(525 247.8,4 722 952.5) (526 111.9,4 724 658.8)	1 474 491.30	2 034 261.50	1.38
5	S2N2	(527 258.0,4 723 335.9) (528 548.3,4 725 623.7)	2 955 751.70	1 715 173.40	0.58
6	S2N6	(528 301.9,4 723 656.8) (529 475.8,4 724 868.8)	1 422 703.10	497 784.00	0.35
7	N1S5	(525 115.1,4 723 396.4) (525 848.3,4 724 623.3)	899 596.00	980 820.60	1.09
8	S2S8	(528 649.6,4 722 629.2) (529 769.4,4 724 241.08)	1 804 934.80	862 194.20	0.48
9	S2N5	(528 019.1,4 723 595.4) (529 244.2,4 725 485.3)	2 315 452.60	1 226 131.00	0.53
10	S2S6	(528 050.5,4 722 170.9) (529 201.8,4 724 013.3)	2 121 100.10	1 158 761.00	0.55
11	S2S4	(527 602.1,4 722 300.9) (528 682.0,4 723 833.8)	1 655 284.10	840 906.10	0.51
12	S2N4	(527 732.5,4 723 514.7) (529 018.7,4 725 715.9)	2 831 261.70	1 595 904.60	0.56
13	S2S7	(528 339.1,4 722 651.2) (529 425.1,4 724 117.4)	1 592 360.60	675 579.20	0.42
14	S2S3	(527 380.1,4 722 222.0) (528 430.0,4 723 806.0)	1 662 777.30	736 037.90	0.44
15	S2N3	(527 486.7,4 723 410.4) (528 783.4,4 725 714.9)	2 988 255.70	1 715 194.60	0.57
16	S2S5	(527 840.5,4 722 806.2) (528 855.6,4 723 931.9)	1 142 622.30	361 305.50	0.32
17	S2S1	(526 974.7,4 722 024.5) (527 977.5,4 723 543.6)	1 523 255.20	730 142.70	0.48

17 个工作面开采结束时的库区模型如图 3-21 所示。17 个工作面开采后的水位线分布如图 3-22 所示。

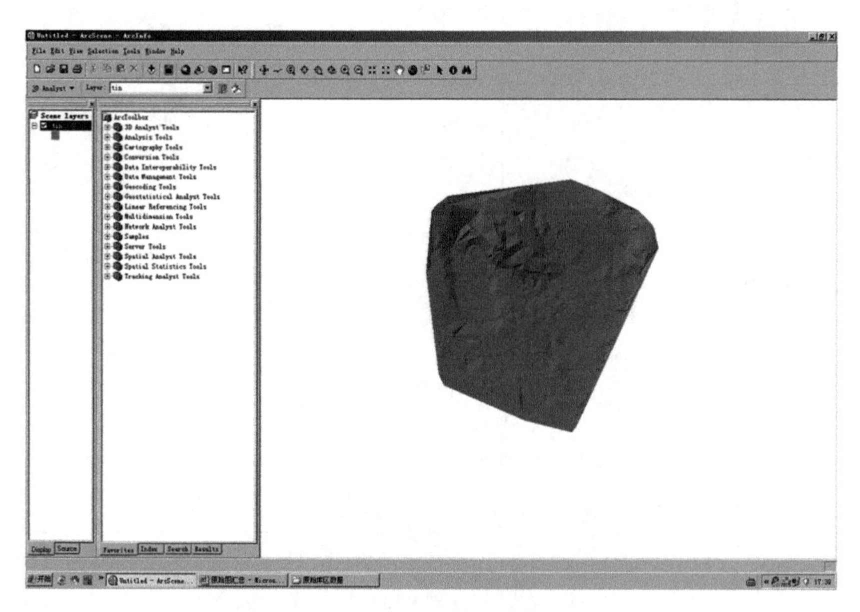

(a) GIS 界面生成模型

(b) 放大图（纵坐标放大 5 倍）

图 3-21 实施现行开采计划后的库区模型

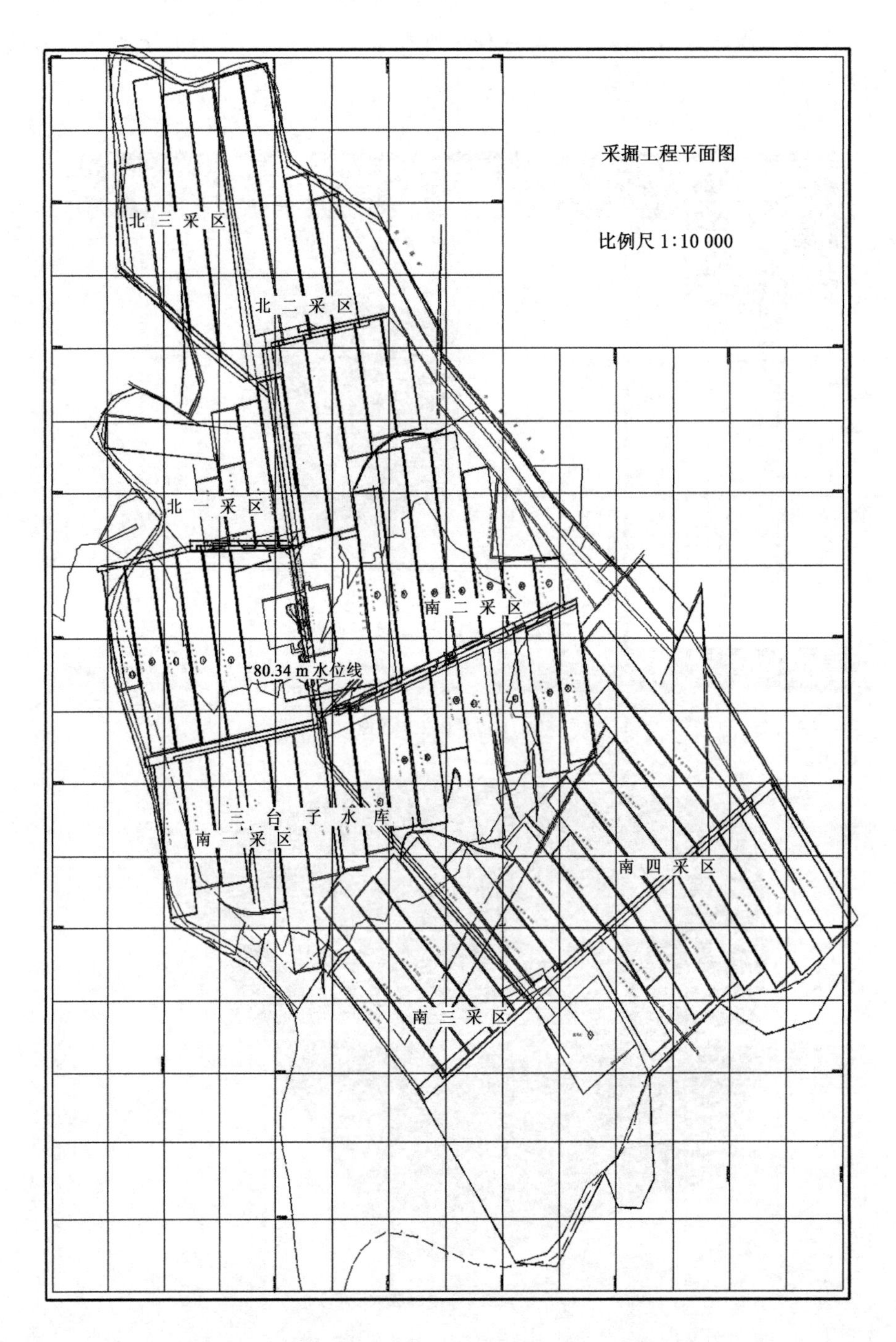

图 3-22 实施现行开采计划后的库区最终水位线位置

实施现行开采计划后，各工作面开采后水库水位标高及水库下开采面积如表 3-4 所示。

表 3-4 实施现行开采计划时水位标高及水下开采面积汇总表

序号	工作面名称	水位标高/m	水下开采面积/m²
1	S2S9	81.61	0
2	N1S3	81.43	240 108.72
3	S2N7	81.43	0
4	N1S4	81.23	296 231.66
5	S2N2	81.15	122 042.37
6	S2N6	81.13	11 624.76
7	N1S5	81.04	162 211.19
8	S2S8	81.00	0
9	S2N5	80.95	73 543.39
10	S2S6	80.85	254 504.12
11	S2S4	80.76	238 106.21
12	S2N4	80.68	137 494.60
13	S2S7	80.63	170 524.80
14	S2S3	80.55	223 407.76
15	S2N3	80.46	209 741.78
16	S2S5	80.42	139 947.46
17	S2S1	80.34	242 532.50
合计			2 522 021.32

由表 3-4 可知，实施现行开采计划后，水位线落到 80.34 m，水下开采的总面积为 2 522 021.32 m^2。

3.4 协调开采计划分析

根据协调开采计划的分析流程，协调开采计划开始于 2010 年 4 月，即从 2010 年 4 月形成的库区模型和水库水位标高开展协调开采计划。由于实施协调开采计划时各工作面开采后生成的盆地和等效盆地与现行开采计划是相同的，因此，将各工作面的等效盆地直接嵌入库区模型即可。区别是嵌入的顺序不同,引起的库水运移和水位变化也不同。

依据协调开采计划进行工作划分,首先应将南二采区南翼水下工作面全部采出,然后再按照库水覆盖面积最小原则确定接续工作面,将其他工作面进行排序。

3.4.1 南二采区南翼水下工作面的开采

根据协调开采计划的划分,应在2010年4月形成的水库水位线的基础上,首先分别将南二采区的S2S4、S2S3、S2S1、S2S5、S2S6和S2S7 6个工作面全部采出。得出的6个工作面开采前工作面与库区水位线的相对位置如图3-23所示。

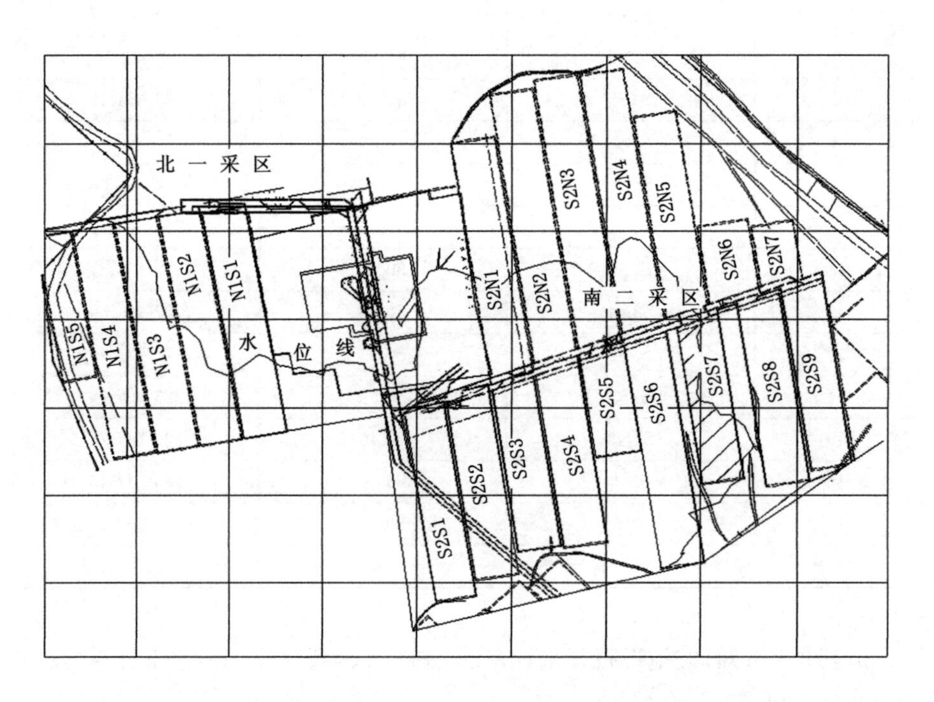

图3-23 6个工作面开采前工作面与库区水位线的相对位置

6个工作面开采结束后形成的库区模型如图3-24所示,库区水位线如图3-25所示。

6个工作面开采后的水位标高为81.24 m,水下开采面积为1 226 545.02 m^2(表3-5)。

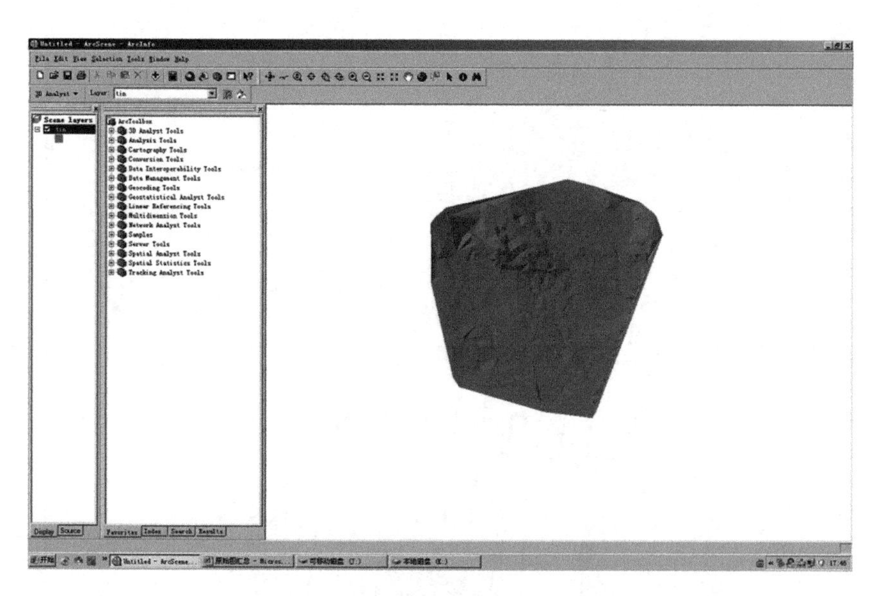

(a) GIS界面生成模型

(b) 放大图(纵坐标放大5倍)

图 3-24　南二采区水下 6 个工作面全部采出后的库区模型

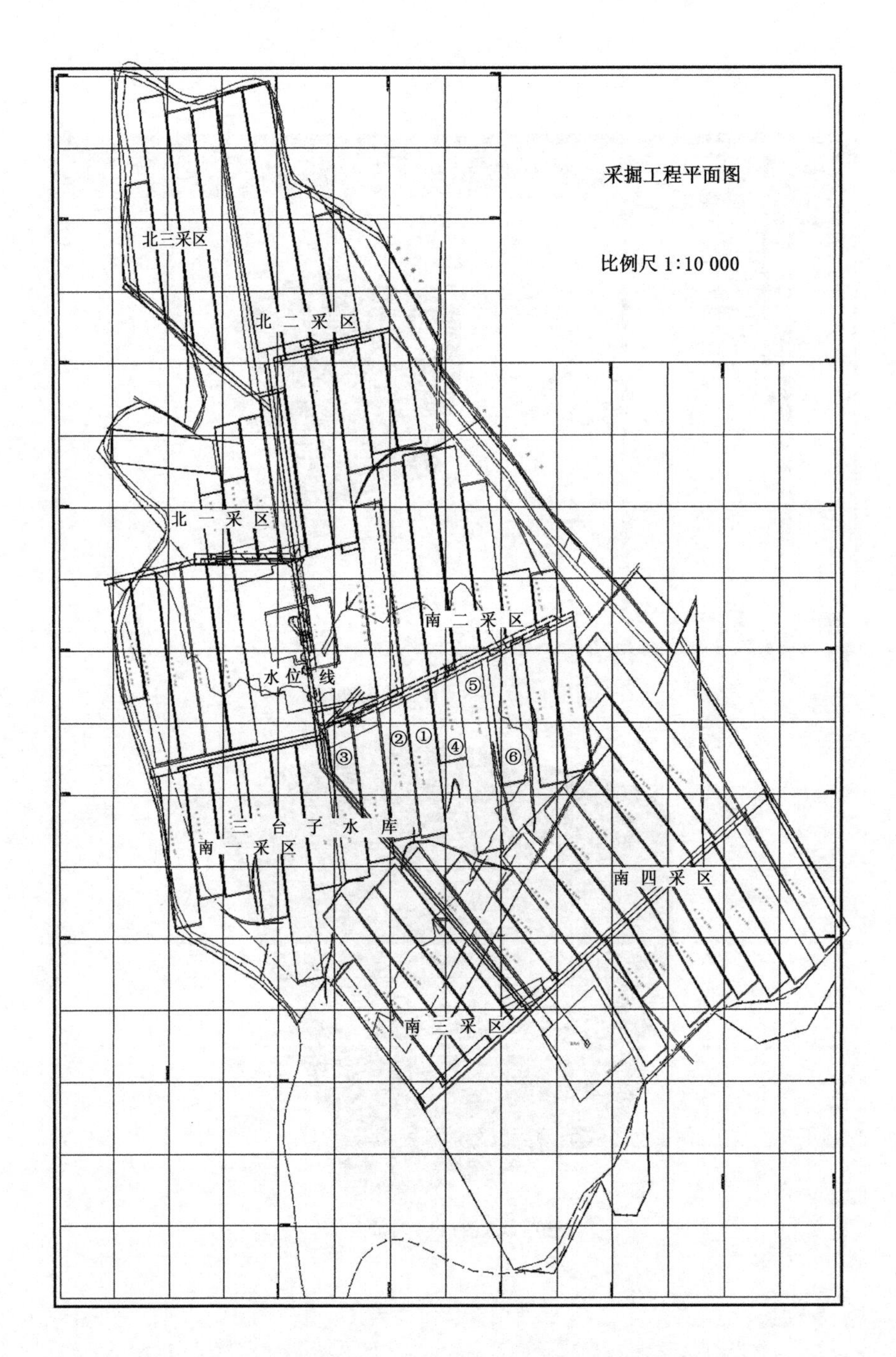

图 3-25 南二采区水下 6 个工作面全部采出后的库区水位线位置

表 3-5 水下 6 个工作面开采后水位标高及水下开采面积

序号	工作面名称	水位标高/m	水下开采面积/m²
1	S2S4	81.54	226 875.08
2	S2S3	81.46	214 099.89
3	S2S1	81.41	118 742.58
4	S2S5	81.37	134 749.39
5	S2S6	81.28	428 071.61
6	S2S7	81.24	104 006.47
合计			1 226 545.02

3.4.2 其余 11 个工作面接替顺序的确定

在南二采区水下 6 个工作面全部采出后，按库水覆盖面积最小原则确定下一接续工作面，从图 3-25 中可以分析得出，被库水覆盖面积最小的工作面为 S2S8。对 S2S8 工作面进行开采沉陷预测预警、圈定等效面积、坐标点数据修正、生成 GIS 模型并嵌入、生成水位等高线图及水下开采面积计算等工作。在 S2S8 工作面回采后形成的库区水位线的基础上，再按库水覆盖面积最小原则确定下一接续工作面为 S2S9，以此进行类推，形成协调开采计划为 S2S8→S2S9→S2N7→S2N6→S2N5→S2N3→N1S5→S2N4→N1S3→S2N2→N1S4。库区水位线的相互位置关系如图 3-26 所示。

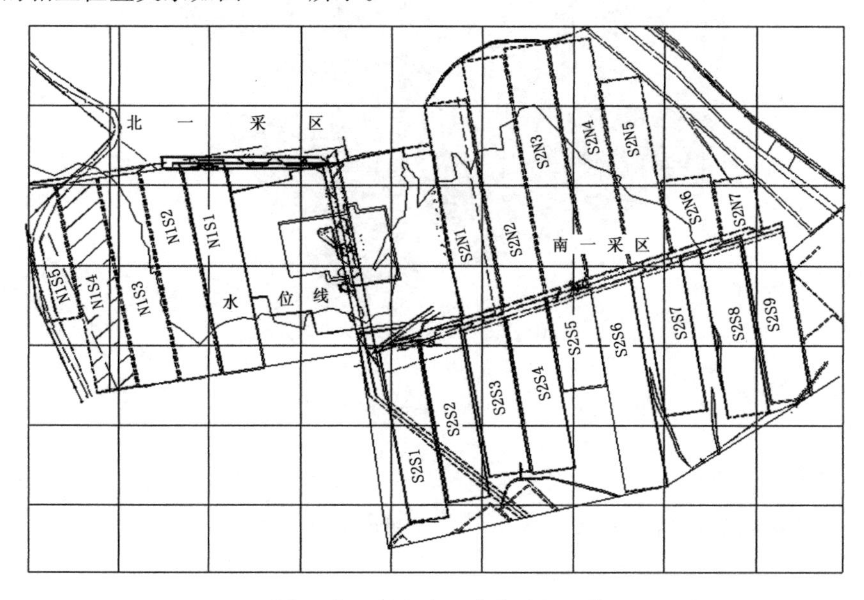

图 3-26 回采各工作面后的库区水位线与工作面相对位置

按照库水覆盖面积最小原则依次确定接续工作面，最终形成实施协调开采计划后的库区模型，如图 3-27 所示。

(a) GIS 界面生成模型

(b) 放大图(纵坐标放大 5 倍)

图 3-27　实施协调开采计划后的库区模型

实施协调开采计划后的水库水位线如图 3-28 所示，水位标高为 80.34 m，各工作面开采后水库水位标高及水库下开采面积如表 3-6 所示。

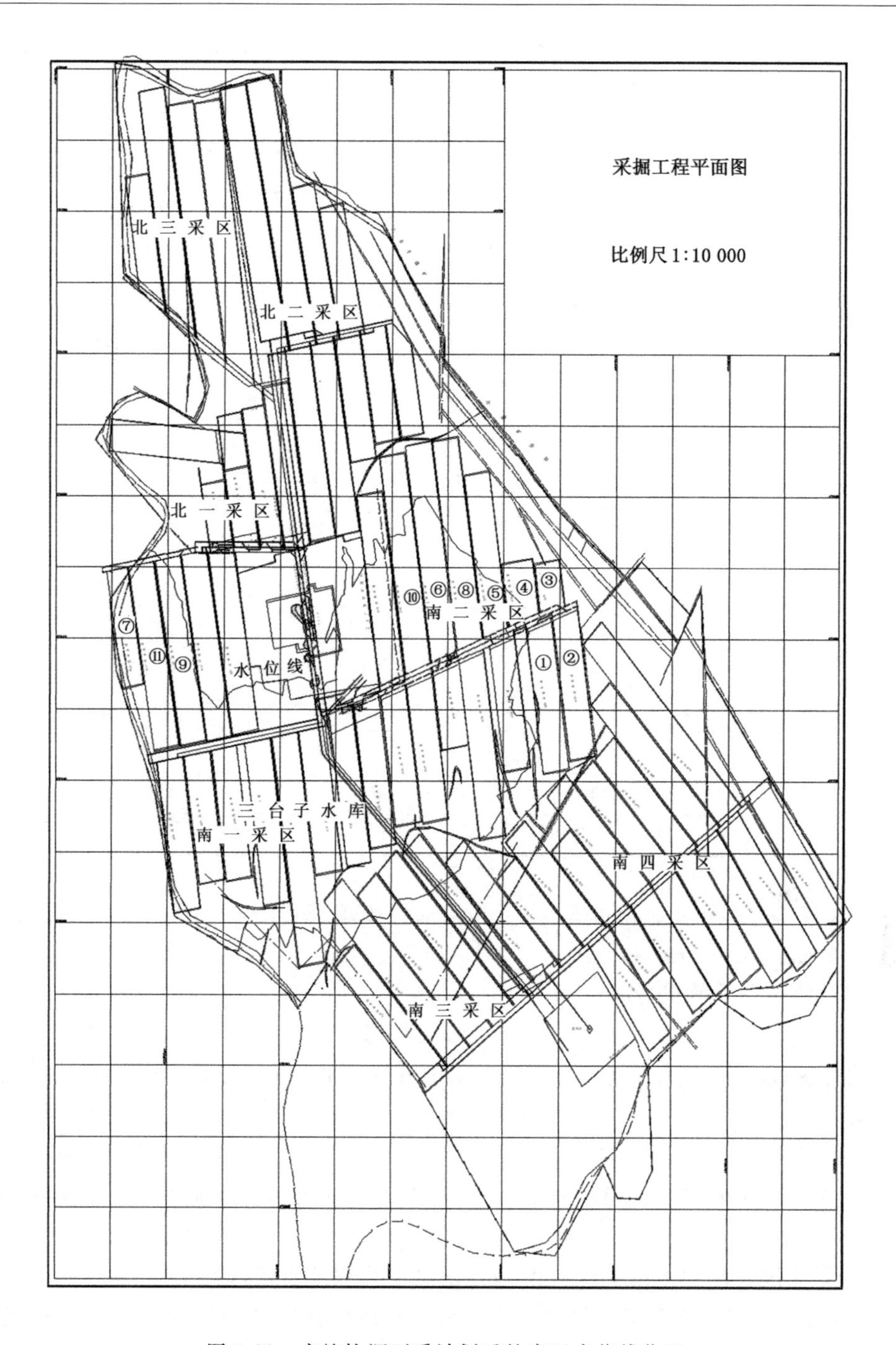

图 3-28　实施协调开采计划后的库区水位线位置

表 3-6 实施协调开采计划时水位标高及水下开采面积

序号	工作面名称	水位标高/m	水下开采面积/m^2
1	S2S4	81.54	226 875.08
2	S2S3	81.46	214 099.89
3	S2S1	81.41	118 742.58
4	S2S5	81.37	134 749.39
5	S2S6	81.28	428 071.61
6	S2S7	81.24	104 006.47
7	S2S8	81.20	0.00
8	S2S9	81.19	0.00
9	S2N7	81.18	0.00
10	S2N6	81.12	19 408.32
11	S2N5	81.10	65 546.24
12	S2N3	81.03	62 038.10
13	N1S5	80.94	116 852.63
14	S2N4	80.86	111 235.12
15	N1S3	80.66	192 574.40
16	S2N2	80.56	197 745.16
17	N1S4	80.34	262 836.21
合计			2 254 781.20

由表 3-6 可知实施协调开采计划时，水位线落至 80.34 m，水下开采的总面积为 2 254 781.20 m^2。

3.4.3 协调开采效果分析

① 提出并完善了利用开采引起的地表沉降引导库水运移，减少水下开采面积的思想；设计出引导库水运移，减少水下开采面积，制订协调开采计划的研究方案。

② 基于 Auto CAD 和 C++语言，设计并开发出一套地表移动变形预测预警大型软件系统；系统具有功能强大，精度高，速度快，操作简单，界面友好等特点。

③ 借助功能强大的 Arc GIS 地理信息系统软件平台，建立了三台子水库库区三维立体模型，此模型不仅可用于分析库水运移状况，也完全可以用于水库管理和维护。

④ 设计并实施了协调开采计划的制订原则和分析流程。按照接续工作面

选择原则，对相应的各工作面进行了重新排序，形成了新的开采计划，即协调开采计划；并按照上述流程进行了分析计算，协调开采计划的水下开采面积为 2 254 781.20 m^2，比现行开采计划减少了 267 240.12 m^2，减少了 10.60%。

⑤ 研究结果表明，利用开采引起的地表沉陷引导库水运移的思想是正确的，研究分析方法是可行的，完全可以应用于大平煤矿其他水下采区的开采计划的制订，也可应用于具有类似条件的其他矿井。

4　村庄下上下位置关系双工作面开采地表沉陷预测预警

4.1　工程概况

4.1.1　地理位置

北票煤业有限责任公司位于辽宁省北票市，以煤炭采选、油页岩采炼、机械加工制造为主业。冠山煤矿位于辽宁省北票煤田中部，北票市区内，该区域隶属于辽宁省北票市冠山管理区，如图 4-1 所示。井田内铁路、公路较发达，有矿区铁路专用线至北票站与国家铁路相接，北票市至北票市南与锦承铁路线相接，西通北京市、赤峰市，东到沈阳市、锦州市，客运运输均较方便。井田内还有沈阳市至北京市，大连市至内蒙古自治区乌丹镇的主要公路干线相通过，可通往省内外大小城市。

图 4-1　冠山煤矿全貌

冠山煤矿于 1971 年 6 月开始修复、改建，于 1983 年 12 月投产。地面工业广场内建有主井（立井）、副井（立井）和中央风井（立井），广场外有两条斜井，井下各水平也可利用盲斜井进行辅助生产。矿井开拓方式为多水平集中大巷分区石门开拓，通风方式为中央对角混合式，通风方法为抽出式通风。目前矿井井下分为－540 m、－660 m、－780 m 水平，－660 m 和－780 m 为目前生产水平，回风水平位于－300 m。各水平主要运输大巷均布置在底板砾岩或集块岩中。阶段内以各采区石门划分为独立采区。即：－780 m 水平西三石门采区、－660 m 水平西三石门采区、－660 m 水平西五石门采区。冠山煤矿主要开采两个生产水平内的 4、7、9、10 煤层。

该矿现有地质储量为 13 571.9 kt，可采储量为 11 598.0 kt，生产能力为 610 kt/a，服务年限还有 14.6 a。

4.1.2　自然地理条件

4.1.2.1　地形与地貌

冠山煤矿南是由石灰岩组成的较高山岭，最高山顶的标高为＋530 m，其延展方向为北东南西向，北为兰旗火山岩组成的次高山岭，山顶标高为＋359 m，其延展方向与石灰岩山岭延展方向大致平行。冠山煤矿井田位于两山岭之间的较平坦地带。立井以东地势逐渐扬起，最大标高为＋260 m，竖井以西地势逐渐低缓，最小标高为＋156 m，井田东翼山洪冲沟密集，自煤系底部横跨煤层露头，雨季山洪沿冲沟汇集后流入小凌河。

4.1.2.2　河流水系

井田西部边界有一条小凉水河，属季节性河流，从西北流向南东，河床标高为＋153.04 m。

4.1.2.3　气候条件与地震情况

冠山煤矿井田属大陆性气候，最高的气温为＋40.7 ℃，最低气温为－26.4 ℃，年气温升降幅度较大，结冻期为十月下旬至翌年三月中旬，最大冻结深度为 1.47 m。年降水量夏季占 90%左右，夏季多为东南风，冬季多为西北风，冬季干旱少雨雪，春季最大的风速为 18 m/s。

据朝阳市地震台和原北票矿务局地震台观测，自立井投产以来共计发生 1～3 级地震 10 余次。

4.1.2.4　水文地质

北票煤矿地处辽西山区，属典型大陆干旱性气候，常年刮风，气候干旱，历年最大降雨量为 779.2 mm，平均为 493.7 mm，历年最高洪水位为＋154.968 m，冠山煤矿井田区域内属低山丘陵地形，大部分地区基岩被厚 3～30 m 不等的亚黏土所覆盖，地形坡度大，地表径流排泄条件好，径流大部分流失，地下水补给贫乏，区内无较大地表水体，在井口西部边界，有一季节性河流，是浅部矿井水主要补给来源，井田中东部远离河流，地势较高，上覆地层富水性弱，补给条件差。

(1) 含水层、隔水层的分布规律及特征

第四纪冲洪积砂砾石层空隙强含水层,是富水较强的含水层,单位涌水量为3.6 L/(s・m)。通过兴隆沟组地层对矿井浅部有所补给。海房沟组砾岩空隙弱含水层富水性较弱,距离煤层比较远,对该矿井开采无影响。北票组上含煤段隔水层及弱含水层,上含煤段上部为泥岩,中部为含煤层段,为本区良好的隔水层。上含煤段下部为过渡段,岩石以砾岩、中细砂砾岩组成,邻区抽水资料单位涌水量为0.01 L/(s・m),富水性比较弱,对该矿井开采没有影响。北票组下含煤段砂岩及砾岩为弱承压含水层,岩性以砾岩、砂岩、页岩交互组成,由西向东依次变细,对矿井有所补给,邻区抽水资料单位的涌水量为0.01 L/(s・m),为富水性比较弱的含水层。兴隆沟火山系强含水层,该层厚度为800 m左右,是以安山角砾熔岩、集块岩组成,是煤系地层的基底,距煤系地层较近,井巷开拓大多布置在此层,地层内含有较强的裂隙水,是矿井主要含水层,煤系底部砾岩层与兴隆沟组裂隙含水层有着较强的水力联系,震旦系灰岩裂隙含水层位于井田东南侧,井田之外和兴隆沟组有水力之间联系。

(2) 矿井的充水因素和充水通道的分析

冠山煤矿井田的充水主要来自第四纪的孔隙水,岩层的裂隙水,大气降水。冠山煤矿井田已开采100余年,大部分的孔隙水、岩层裂隙水早已疏干,只有少数地点以滴水形式存在。地表没有大的水体影响,而且浅部露头设有隔离煤柱及地面防洪沟。大气的降水通过地面缓慢渗入老空区,是矿井水主要的来源。老空区水经石门流入运输大巷,至中央的泵房排至地面。冠山煤矿井田现为深部开采,大气降水的多少与井下涌水量大小的关系不太明显。通过常年观测,随着开采深度的增加,涌水量在逐渐减少。冠山煤矿井田东部边界为自然边界,附近没有其他矿井开采。西部为台吉竖井,边界留有安全煤柱,且两矿井内现生产采区距边界较远。

区域内地表水不发育,有季节性的党全沟、石柱沟、洞子沟河流,平时干枯,雨季山洪经三沟流入女儿河。区域内有两大水系:东北部为小凌河,远离本矿区,历年最大的流量为11 400 m^2/s,最小的流量为0.1 m^2/s,平均的流量为9.72 m^2/s;西南部是女儿河,位于该矿区露头外,历年流量为0.8~2 960 m^3/s,平均的流量为5.10 m^3/s,流至锦州东部汇合,而后注入渤海。所以本井田不存在水患问题,对井下生产基本无影响。

本矿井属水文地质比较简单的矿井。矿井最大涌水量为297 m^3/h,正常涌水量为290 m^3/h。

4.1.3 井田范围及井田地质构造

该井田走向长约9.2 km,倾向宽约1.35 km,面积约为12.42 km^2。开采深度范围为+265～-780 m 标高。

井田范围由 6 个拐点坐标圈定，详见表 4-1。

表 4-1 冠山煤矿开采范围拐点坐标

点号	坐标 *X*	坐标 *Y*
1	4 635 592.838	40 567 844.492
2	4 630 832.855	40 564 274.525
3	4 629 462.853	40 560 359.552
4	4 630 937.846	40 560 924.545
5	4 633 482.842	40 564 964.514
6	4 636 572.831	40 567 509.491
开采深度	-780 m～+265 m	

冠山煤矿东邻三宝煤矿，西与台吉矿相连。各矿均在其界定的允许开采范围内生产，相互不构成影响。

生产矿井实践结合深部钻孔资料分析，该井田构造比较简单，大中型断层 13 条，见表 4-2。冠山煤矿主要以一些断层作该采区和石门区的边界。较多的小断层在井田东部，在井田西部只有 F1、F2、F3 对开采有影响。竖井以东已经停止采矿活动。

表 4-2 冠山煤矿井田断层一览表

名称	位置	性质	走向	倾向	水平距/m	倾角	依据
F1	冠山煤矿与台吉煤矿井田边界	正	N141°E	NE51°	40	38°	在-460～-540 m 水平掘进巷道中实见
F2	竖井西 700 m 左右	正	N108°E	NE18°	15	33°	9、10、3、4 煤层在回采过程中实见
F3	西一采区西 300 m	正	N70°E	NE51°	12	66°	各层均实见
F4	竖井东 1 000 m	正	N91°E	NE160°	16	49°	3、4、9、10 煤层已实见
F5	东一采区边界西 400 m	正	N109°E	NE10°	40	63°	除 2 煤层各层均实见
F6	东一、东二采区边界间	正	N94°E	NE4°	15	39°	3、4、5A、6、7 煤层实见

表 4-2(续)

名称	位置	性质	走向	倾向	水平距/m	倾角	依据
F7	东一采区边界东350 m	正	N70°E	NE260°	13	78°	井下掘进中实见
F8	第九剖面线西侧	正	N111°E	NE21°	175	73°	从浅部推测
F9	第十剖面线西70 m	正	N193°E	NE283°	10	69°	各层均见
F10	第十一剖面线西500 m	正	N205°E	NE295°	6	66°	各层均见
F11	第十一剖面线东300 m	正	N195°E	NE285°	75	63°	井下浅部实见
F12	第十一剖面线东150 m	正	N184°E	NE274°	25	77°	井下各层实见
F13	冠山煤矿与三宝煤矿井田边界	正	N5°E	NE85°	300	70°	井下各层实见
F9-1	9剖面线东75 m	正	N63°E	NE27°	5	61°	9、10煤层实见
F9-2	第十剖面线西200 m左右	正	N89°E	NE1°	10	89°	9、10煤层实见
F9-3	第十剖面线东160 m左右	正	N32°E	NE58°	8	88°	9、10煤层实见
F10-4	第十二剖面线西225 m左右	正	N37°E	NE53°	25	89°	10煤层实见

井田位于辽宁省的北票单斜的中部，地层的走向为N65°～80°E，倾向为NW，倾角为37°～60°不等，以该井田基底隆起区为界，以西的倾角较缓，浅部为37°～39°，东部变陡，浅部为55°～67°，从矿井及深部钻孔资料看，往深部倾角变缓，西部为18°～26°，东部为35°～44°。

4.1.4 煤层与煤质

4.1.4.1 煤层

冠山煤矿井田含煤有8个煤层，即3、4、5A(5B)、6、7、8、9、10煤层。目前主要开采－660 m水平和－780 m水平的4、7、9、10煤层。

4.1.4.2 煤质

冠山煤矿主要以半亮煤为主。低硫(0.2%),低磷(0.05%),矿物质较少,是优质的炼焦配煤。局部煤层由于岩浆岩侵入破坏,煤层发生热力变质成为天然焦,煤质呈黑灰—钢灰色,金属光泽,柱状节理,阶梯状断口,比重大(1.47 g/cm^3),坚硬,挥发分小于10,无黏结性。煤质煤层主要是焦煤,煤种为1/3焦煤。由于受到岩浆岩沿层侵入的影响,局部煤层煤质变成天然焦。$M_{ad}=0.37\%$,$A_{ad}=10.78\%$,$V_{ad}=10.82\%$,$V_{daf}=25.57\%$,胶质层$Y=15.53$ mm,其密度为1.36 g/cm^3。

4.1.5 矿井主要生产系统及回采工艺

矿井的开拓方式为竖井多水平的集中大巷的分区石门开拓。采煤方法是单一长壁、水力方法采煤,自然垮落法管理采空区。矿井的设计生产能力为81万t/a,核定生产能力为61万t/a。冠山煤矿为煤与瓦斯突出矿井,相对瓦斯涌出量为26.14 m^3/t,绝对瓦斯涌出量为32.2 m^3/min。中央对角混合式作为该矿井的通风方式,排风量为10 765 m^3/min。煤尘的爆炸指数为47.3%,自然发火期为5~24个月,煤的自燃性为二类自燃。矿井的水文地质比较简单,涌水量为371.8 m^3/h。多绳摩擦式的箕斗是主井的提升方式,罐笼提升是副井的提升方式,斜井采用单绳缠绕的方式串车或胶带运输。井口设有固定的瓦斯抽采系统,井下设有KJ90NA型瓦斯的监测监控系统以及供电、通风、排水、通信等系统,矿井开拓图如图4-2所示。

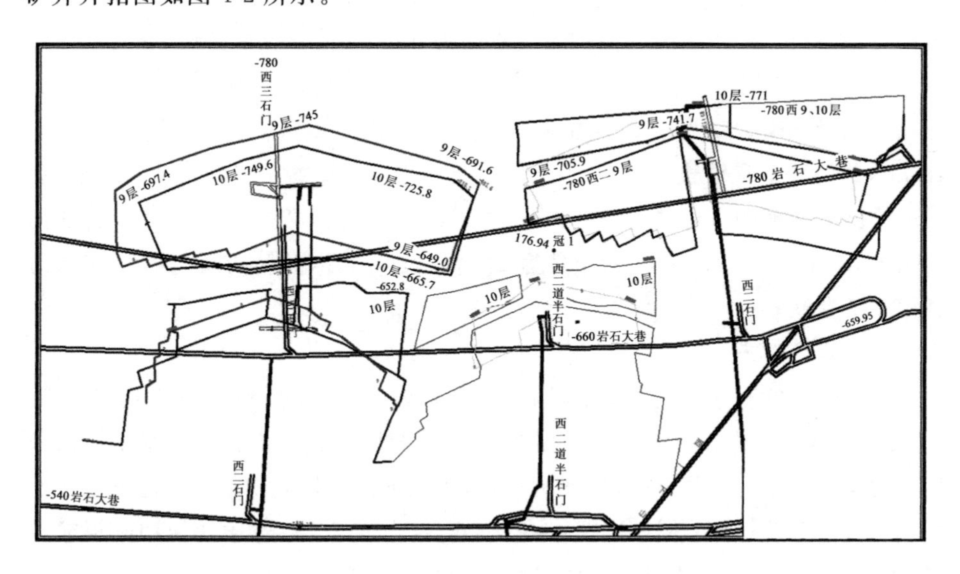

图4-2 矿井开拓平面示意图(单位:m)

4.1.5.1　矿井主要生产系统

运煤系统：－780 m水平的采煤工作面储煤仓→－780 m岩石大巷胶带运输→斜井胶带→－540 m岩石巷的胶带→主井底煤仓→主井提升机→地面。

－660 m水平4层工作面和7层工作面的煤仓→－660 m岩石大巷机车运输→西一下山绞车提升→－540 m岩石大巷的机车运输→主井底煤仓→主井提升机→地面。

该矿建有四个立井筒，即主副井、中央风井和西二风井。建有两个斜井，即主斜井、副斜井。井下各水平间利用斜井完成提升工作。

主立井作为主要的提升井兼入风，井口的标高为210 m，井底的标高为－849.2 m，垂深为1 059.2 m，井筒直径为6 m，井筒装备9 t箕斗。

副立井主要用于提矸，人员和物料升降，且为入风井，兼安全出口。地面井口的标高为210 m，井底的标高为－815.5 m，垂深为1 025.5 m，井筒的直径为7.6 m，井筒装备双钩罐笼和单钩罐笼、平衡锤、各种电缆、各种管路。

中央风井作为专用回风井，并作为安全出口。井口的标高为210 m，井底的标高为－68 m，垂深为278 m，井筒的直径为4.55 m×2，井筒安设主要通风机。

西二风井也为专用回风井，并作为安全出口。井口的标高为167 m，井底的标高为－58 m，垂深为162 m，井筒的直径为5 m，井筒安设主要通风机。

主斜井作为辅助入风井，并作为安全出口。井口的标高为182.5 m，井底的标高为－58 m，垂深为240.5 m，倾角为17 °，斜长699.45 m，井筒的断面为16 m^2，井筒装备有铁轨。

副斜井为辅助入风井，并作为安全出口。井口的标高为179.7 m，井底的标高为－58 m，垂深为237.7 m，倾角为17 °，斜长813 m，井筒的断面积为16 m^2，井筒装备有铁轨。

4.1.5.2　开采工艺

冠山煤矿的回采工艺方式有两种，水采和炮采。－780 m西三石门采区9、10煤层的回采工艺方式为水采。掘进方式有两种，综掘及炮掘。水采工作面采用走向小阶段水力采煤，工作面水力运煤，其他地点采用胶带运输。炮采工作面采用打眼爆破落煤，单体液压支柱支护顶板，工作面自滑、运输巷使用刮板输送机，大巷机车运输。综掘使用EBZ-160A型掘进机掘进，锚索、钢带、锚杆和金属网综合支护顶板，掘进机运输机、桥式转载机、带式输送机、刮板输送机、电车牵引串车(1 t 矿车)运出。炮掘施工的巷道都是采用打眼及爆破的方法破岩。锚索、钢带、锚杆和金属网综合支护顶板,使用耙斗机扒矸,矸石扒至侧卸车由绞车牵引侧卸车到大坑口,然后均用 1 t 矿车运输。

4.2 双工作面位置关系

4.2.1 0901 工作面位置及井上下关系

0901 工作面位于－780 m 西三石门采区,地表标高为＋174.6 m,井下标高为－767.5 m,工作面的走向长度为 560 m,倾斜长度为 206 m,面积为 115 360 m^2。地表为居民住宅和农田,建筑物多数为砖混结构,抗变形能力不强。9、10 煤层一起开采,－660 m 西三石门 9 煤层主顺层以上已开采。－660 m 西三石门以上 10 煤层已炮采。－660 m 西二道半石门区 9 煤层主顺层以上已开采,石门以上 10 煤层已炮采,－780 m 西二石门 9、10 煤层正开采,－780 m 西四石门未准备。煤层的厚度为 3.5 m,倾角为 29°～33°,硬度为 1.2,煤种为气煤,是复杂结构较稳定煤层。该石门区为无瓦斯突出的区域,9 煤层赋存稳定,煤层属于光亮型煤,节理发育、较软、块状,9 煤层与 9 煤层顶煤垂距为 1.12 m,与 7 煤层垂距为 18 m,与 10 煤层垂距为 15 m。直接顶为泥岩,灰黑色,泥质胶结,层理发育,破碎,厚度为 1.2 m;直接底为泥岩,灰黑色,泥质胶结,层理发育,破碎,厚度为 5.1 m。

4.2.2 1001 工作面位置及井上下关系

1001 工作面位于－780 m 西三石门采区,地表标高为＋174.6 m,井下标高为－767.5 m。工作面走向长度为 560 m,倾斜长度为 144 m,面积为 80 640 m^2。地表为居民住宅和农田。9、10 煤层一起开采,－660 m 西三石门 9 煤层主顺层以上已开采。－660 m 西三石门以上 10 煤层已炮采。－660 m 西二道半石门区 9 煤层主顺层以上已开采,石门以上 10 煤层已炮采,－780 m 西二石门正开采,－780 m 西四石门未准备。直接顶是砂岩,灰白色,钙质胶结,块状结构,比较硬,厚度为 9.8 m;直接底是泥岩,灰黑色,泥质胶结,层理发育,厚度为 3.5 m。

0901 工作面和 1001 工作面井上下对照示意图如图 4-3 所示。

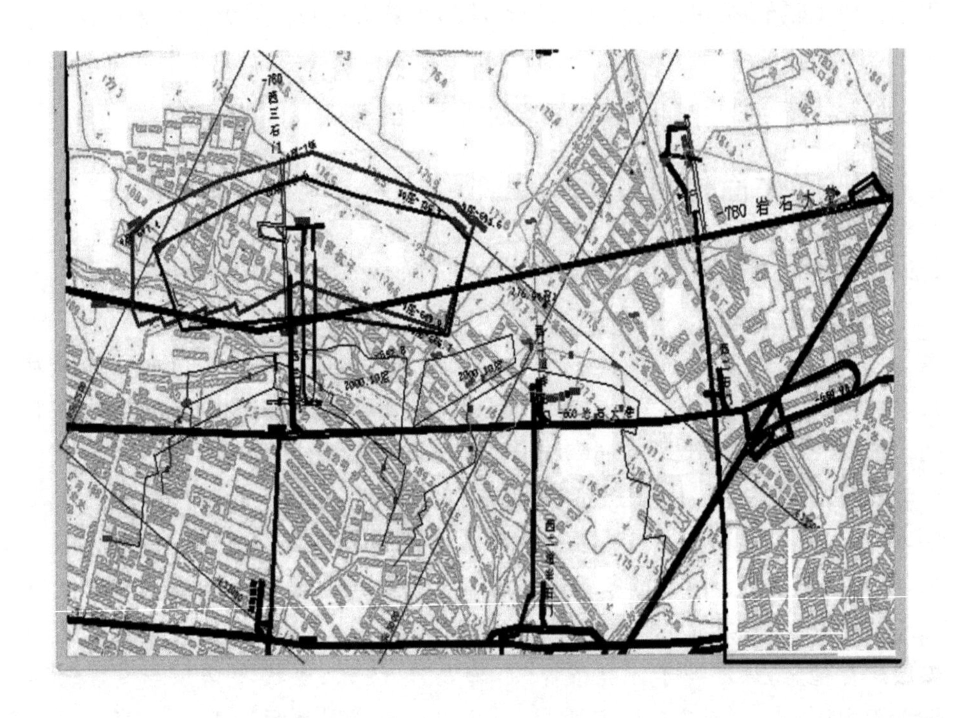

图 4-3　工作面井上下对照示意图(单位:m)

4.3　地表移动变形预测预警

根据确定的预测预警参数,利用矿山开采沉陷可视化预测预警系统软件分别对 0901 和 1001 工作面开采后的地表移动变形进行单工作面预测预警;然后依据单工作面预测预警结果数据,利用多工作面开采地表变形预测预警系统软件对两个工作面都开采后引起的移动变形数据进行叠加。

4.3.1　0901 工作面开采地表变形预测预警

0901 工作面的地表变形预测预警结果见图 4-4～图 4-7。

为了便于分析,将 0901 工作面预测预警开采后引起的各类预测预警指标的最大值结果汇总形成表 4-3。从表中可以看出 0901 工作面开采后各个变形值的最大值都小于一级损坏标准,地表建筑不用维修或简单维修即可保证安全使用。

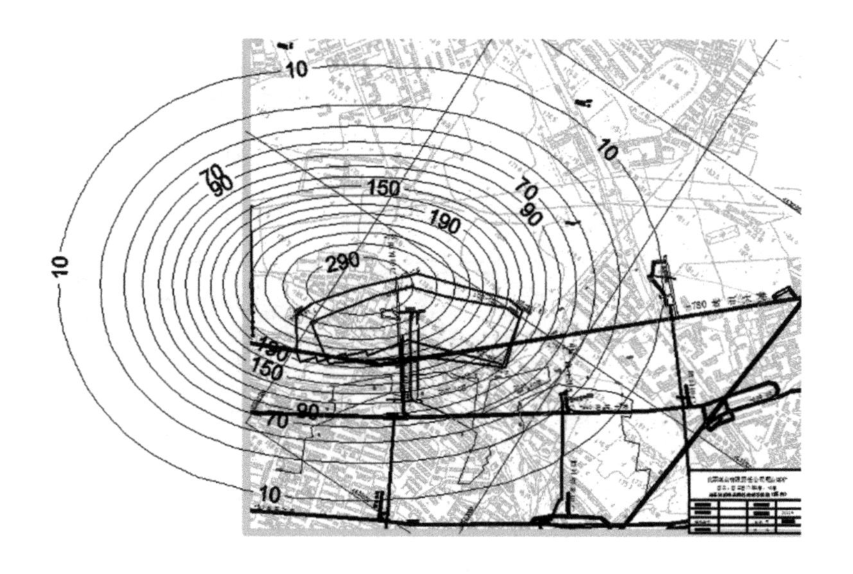

图 4-4 0901 工作面开采后地表下沉值示意图

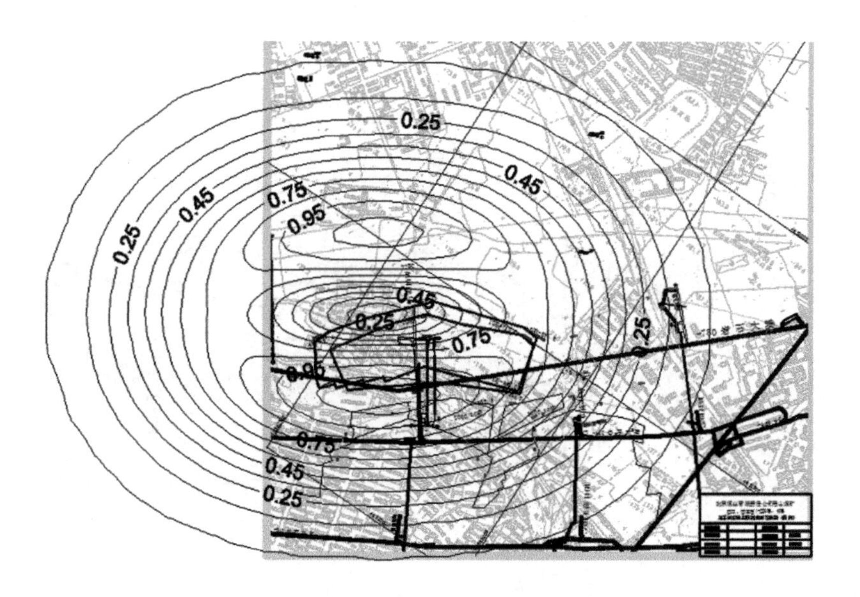

图 4-5 0901 工作面开采后地表倾斜变形值示意图

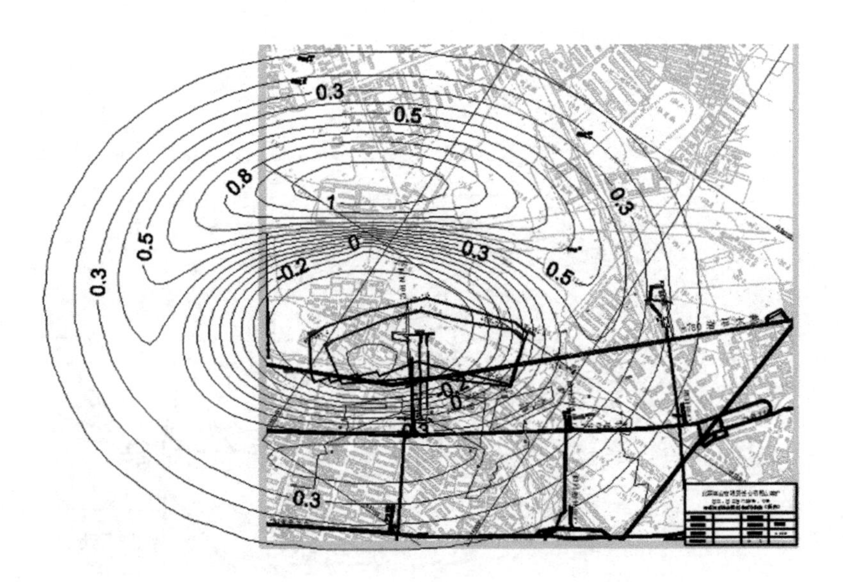

图 4-6　0901 工作面开采后地表水平变形值示意图

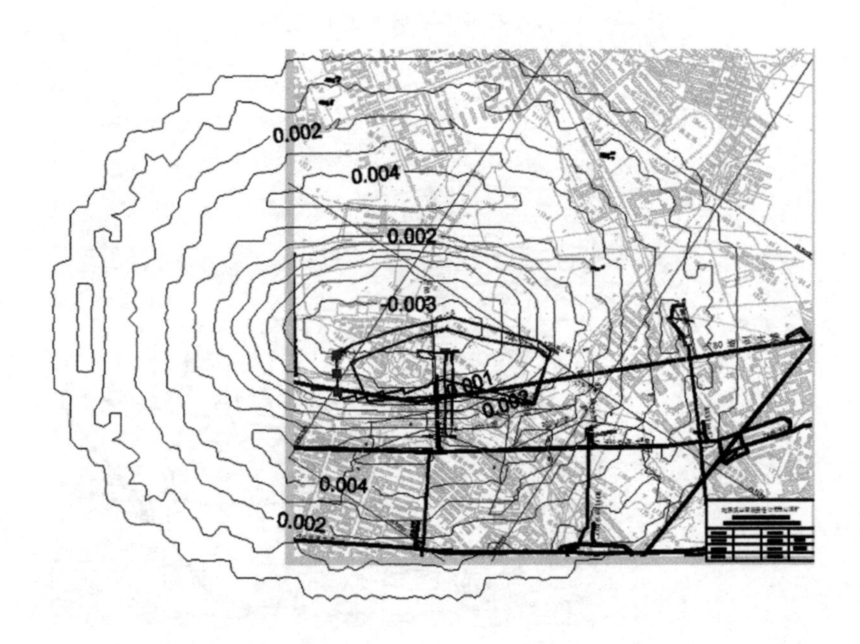

图 4-7　0901 工作面开采后地表曲率变形值示意图

表 4-3 0901 工作面开采后各类预测预警指标最大值

最大下沉值 W/mm	最大倾斜值 $i/(\mathrm{mm\cdot m^{-1}})$	最大水平变形值 $\varepsilon/(\mathrm{mm\cdot m^{-1}})$	最大曲率变形值 $K/(\times10^{-3}\ \mathrm{m^{-1}})$
290	1.05	−0.5 1	−0.003 0.004

4.3.2 1001 工作面开采地表变形预测预警

1001 工作面的地表变形预测预警结果见图 4-8～图 4-11。

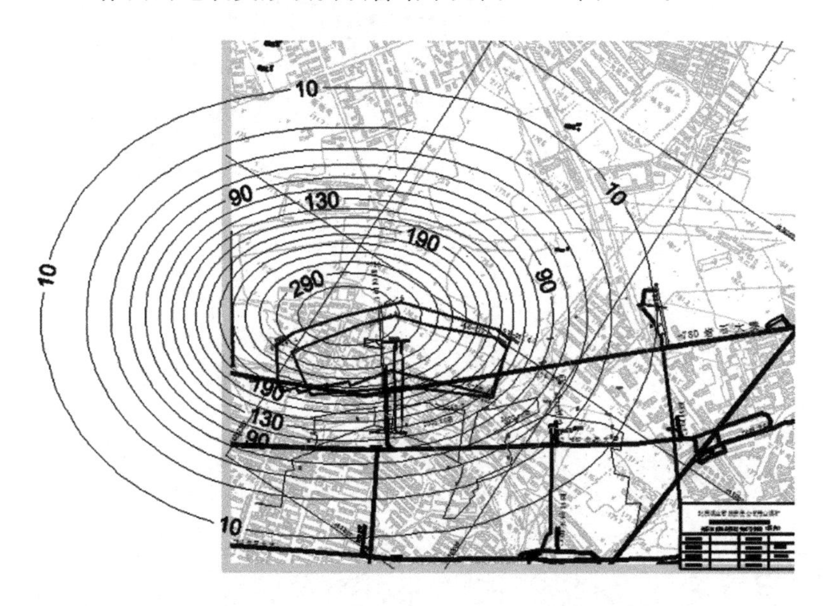

图 4-8 1001 工作面开采后地表下沉值示意图

为了便于分析，将 1001 工作面开采后各类预测预警指标最大值汇总形成表 4-4。从表中可以看出 1001 工作面开采后可以保证地表建筑变形都在一级保护标准之内，地表建筑不用维修或简单维修即可保证安全使用。

表 4-4 1001 工作面开采后各类预测预警指标最大值

最大下沉值 W/mm	最大倾斜值 $i/(\mathrm{mm\cdot m^{-1}})$	最大水平变形值 $\varepsilon/(\mathrm{mm\cdot m^{-1}})$	最大曲率变形值 $K/(\times10^{-3}\ \mathrm{m^{-1}})$
310	1.15	−0.5 1.2	−0.004 0.005

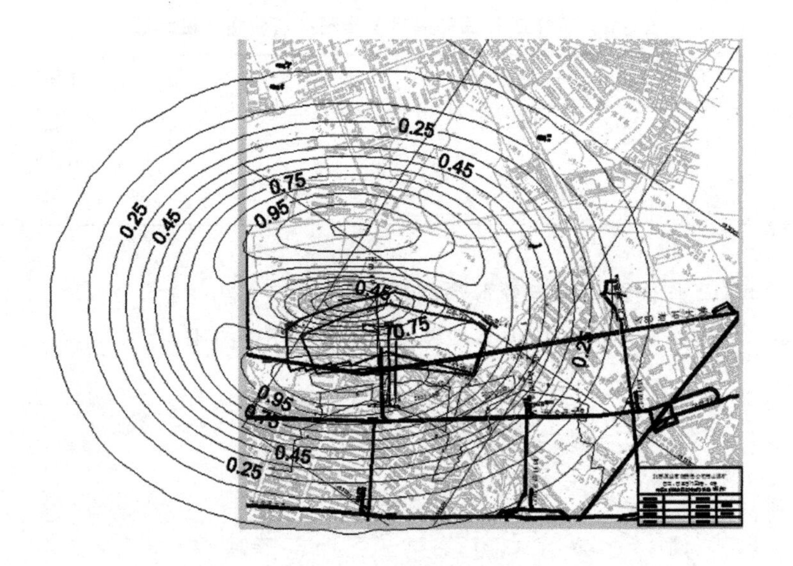

图 4-9　1001 工作面开采后地表倾斜变形值示意图

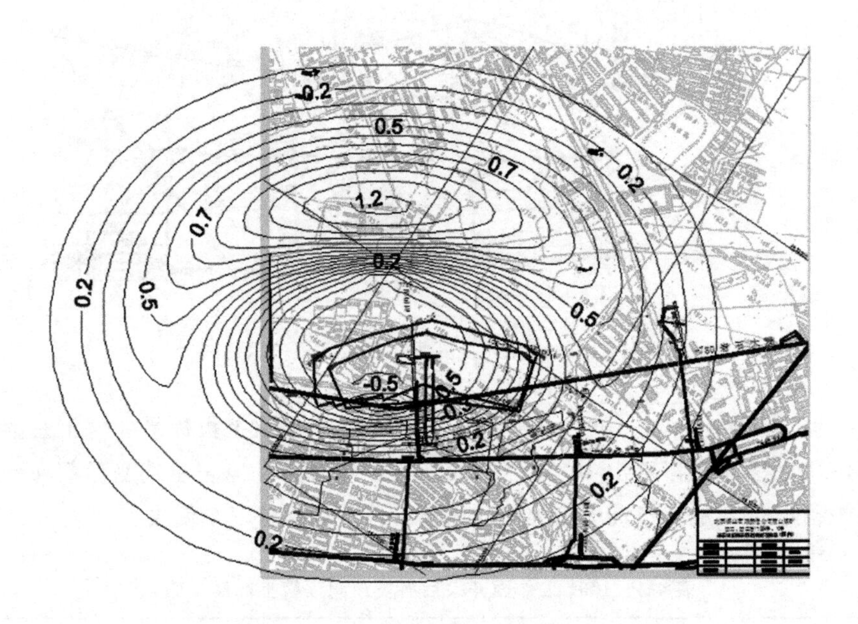

图 4-10　1001 工作面开采后地表水平变形值示意图

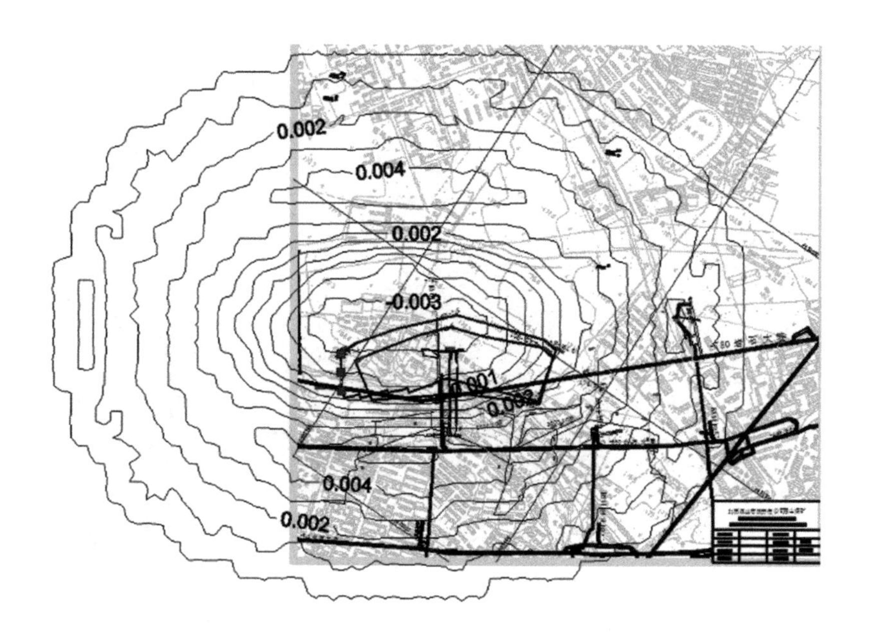

图 4-11 1001 工作面开采后地表曲率变形值示意图

4.3.3 0901 和 1001 工作面全采地表变形预测预警

0901 工作面和 1001 工作面的地表变形预测预警结果见图 4-12～图 4-15。

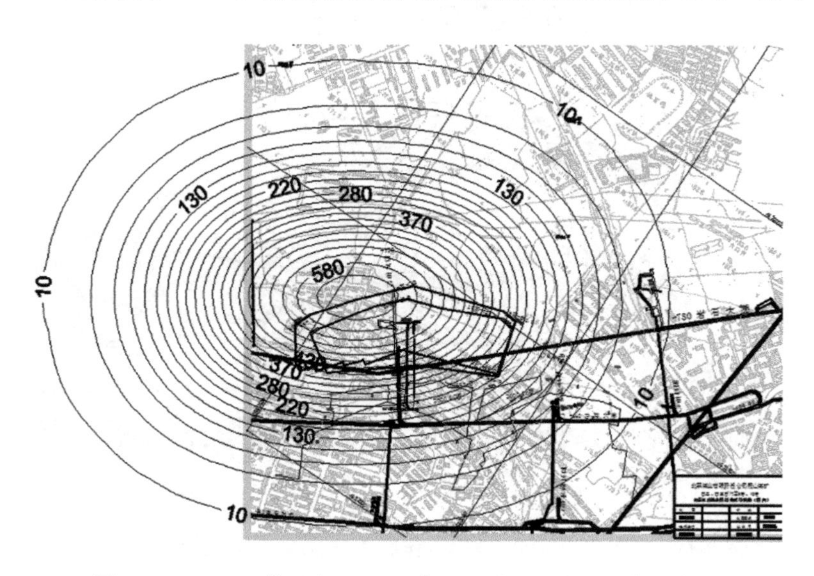

图 4-12 0901 工作面和 1001 工作面开采后地表下沉值示意图

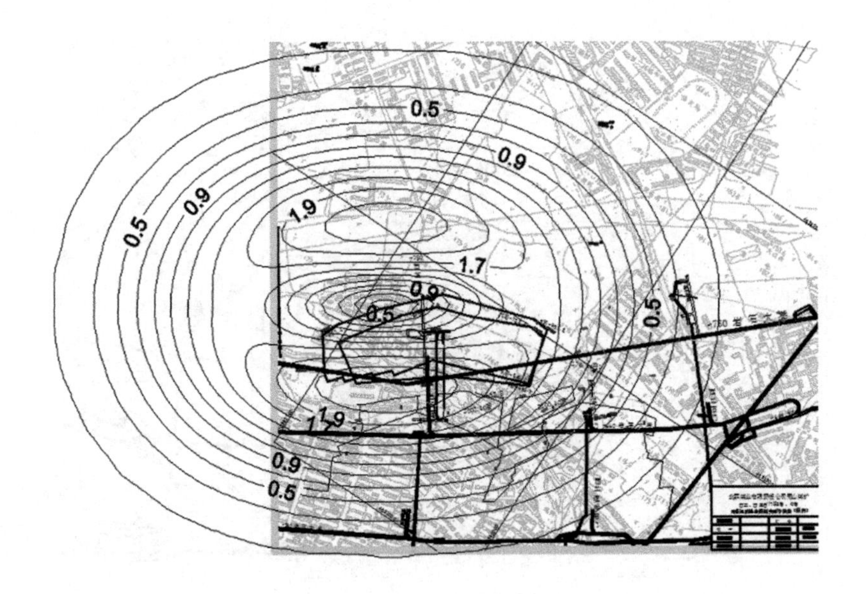

图 4-13　0901 工作面和 1001 工作面开采后地表倾斜变形值示意图

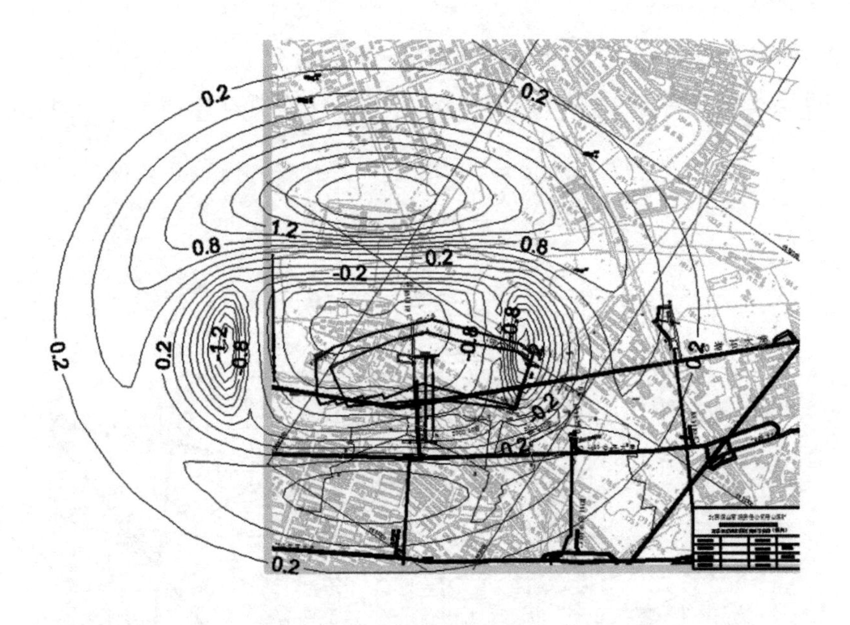

图 4-14　0901 工作面和 1001 工作面开采后地表水平变形值示意图

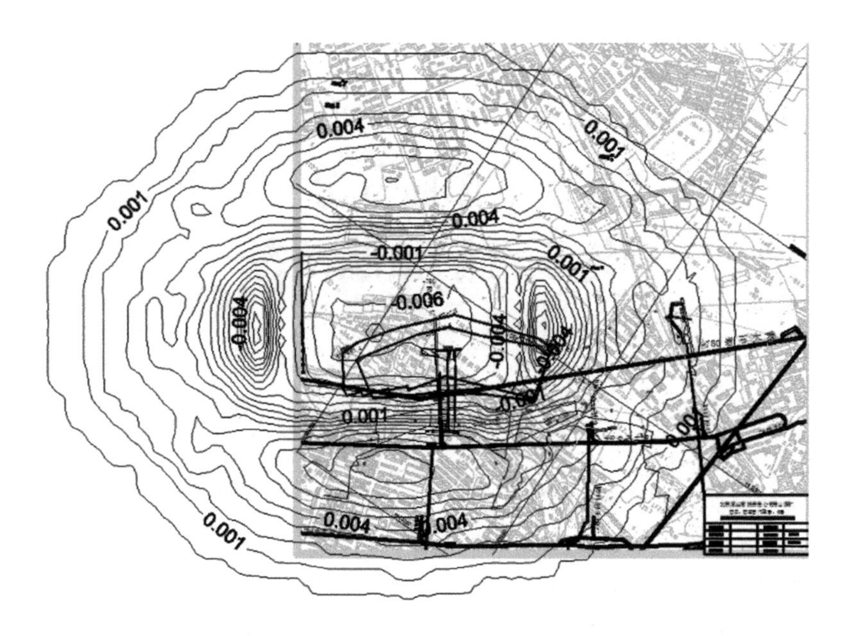

图 4-15　0901 工作面和 1001 工作面开采后地表曲率变形值示意图

为了便于分析，将 0901 工作面和 1001 工作面开采后各类预测预警指标汇总形成表 4-5。

表 4-5　0901 工作面和 1001 工作面开采后各类预测预警指标最大值

最大下沉值 W/mm	最大倾斜变形值 i/(mm·m^{-1})	最大水平变形值 ε/(mm·m^{-1})	最大曲率变形值 K/(×10^{-3} m^{-1})
610	2.1	−1.0 1.8	−0.009 0.008

从图 4-12～图 4-15，以及表 4-5 中可以看出两个工作面全采后也可以保证地表变形都在一级保护标准范围之内。由于煤层倾角的原因，工作面倾斜下方的水平变形值和曲率变形值都要大于倾斜工作面的上方，在工作面走向方向上是一个对称的状态。

5 村庄下工作面部分充填开采地表沉陷预测预警

5.1 工程概况

5.1.1 常村煤矿井田交通位置

常村煤矿是我国首次部分利用世界银行贷款建设的设计能力 400 万 t/a,实际生产能力 460 万 t/a 的特大型现代矿井。经中华人民共和国自然资源部矿产资源储量评审备案证明,截至 2002 年年底,常村煤矿可采储量为 54 722.05 万 t;尚可服务年限约 84 a。该矿核定生产能力 600 万 t/a,2005 年实际生产煤炭 623 万 t。矿井位于山西省屯留县境内,矿区地势平坦,环境优美,交通便利,208 国道贯穿矿区,煤炭产品经长治北站进入太焦、长邯铁路销往全国各地。

5.1.2 水文地质概况

5 号煤层位于山西组的中、下部,为全井田可采。北部根据常 42 钻孔显示,煤层上部岩性及厚度自上而下依次如下:泥岩、厚度为 2.6 m,细砂岩、厚度为 4.2 m,泥岩、厚度为 1.7 m,直接底为泥岩、厚度为 1.6 m,基本底为细砂岩,厚度为 3 m。工作面中西部根据 2032 钻孔显示,煤层上部岩性及厚度自上而下依次如下:中砂岩、厚度为 11.95 m,细砂岩、厚度为 2.3 m,直接底为细砂岩、厚度为 0.9 m,基本底中砂岩,厚度为 2.07 m。工作面中东部根据 2031 钻孔显示,煤层上部岩性及厚度自上而下依次如下:粗砂岩、厚度为 1.8 m,中砂岩、厚度为 3.7 m,细砂岩、厚度为 1.9 m,煤线、厚度为 0.2 m,粉砂岩、厚度为 0.88 m,直接底为细砂岩、厚度为 2.97 m,基本底为粉砂岩、厚度为 1.2 m。工作面南部根据常 44 钻孔显示,煤层上部岩性及厚度依次如下:砂质泥岩、厚度为 6.7 m,细砂岩、厚度为 3.3 m,泥岩、厚度为 1.5 m,直接底为泥岩,厚度为 0.7 m;基本底为细砂岩,厚度为 4 m。

5.1.3 工作面概况

S5-12 工作面的煤层厚度为 5.95～6.31 m,平均厚度为 6.12 m,地面标高为 934.7～935.8 m,煤层底板标高为＋547～545 m,煤层顶板标高为＋553.12～

551.12 m,埋深为 387.7～390.8 m,煤层平均倾角为 1.5°。

S5-12 工作面总体形态为向斜构造,向斜轴部距 S5 轨道下山约 735 m。根据 S3-4 上分层工作面掘进情况及 S3-3 瓦排巷打钻情况分析,距 S5-9 切眼北帮约 10 m 发育有椭圆形陷落柱 X11(长轴为 143 m、短轴为 81 m)。在工作面范围内有两个钻孔,分别为常 54 钻孔和常 55 钻孔,综合两个钻孔得出 S5-12 工作面的顶底板岩性如表 5-1 所示。

表 5-1 煤层顶底板岩性统计

岩石名称	软化系数	饱和抗压强度/MPa	普氏硬度系数	抗压强度/MPa	抗拉强度/MPa	内摩擦角	抗剪强度/MPa	泊松比
泥岩	0.51	27.6	5.4	53.6	1.3	36°	5.1	0.26
粉砂岩	0.52	29.1	5.6	55.7	1.9	37°	8.6	0.27
细粒砂岩	1.13	97.7	8.7	86.7	4.9	39°	12.5	0.21
泥岩	0.40	19.2	4.8	47.9	1.1	35°	12.8	0.20
砂质泥岩	0.65	40.7	6.3	62.5	1.9	36°	5.9	0.22
细粒砂岩	0.87	109.5	12.6	126.4	3.8	41°	9.0	0.24
粉砂岩	0.42	18.0	4.3	43.3	1.7	36°	4.8	0.27
细粒砂岩	0.75	124.0	16.5	165.3	3.7	39°	11.2	0.28
泥岩	0.57	13.2	2.3	23.3	0.6	34°	3.4	0.50
5 号煤层			1.1	11.1	0.2			
中粒砂岩	0.71	29.6	4.1	41.5	2.5	34°	4.8	0.24
细粒砂岩	0.70	83.3	11.8	118.4	4.2	40°	14.2	0.26
泥岩	0.74	28.8	3.9	38.7	1.7	36°	5.5	0.29
泥岩	0.72	27.7	3.9	38.5		37°	4.6	0.19
细粒砂岩	0.75	66.1	8.8	88.3		39°	13.2	0.23

5.1.3.1 胶带巷

巷道长 936.4 m,采用全锚支护,矩形断面,净高 3.2 m,净宽 4.8 m,断面积为 15.36 m^2。采用高强、高预力、可变形让压锚杆配合双钢筋托梁支护(锚杆顶 6 根、帮 4 根)。双钢筋拖梁编号 402 往外,排距为 1 m;顶部打设大三花布置的锚索补强,排距为 2 m;双钢筋拖梁编号 402 往里,排距为 0.8 m;顶部打设小三花布置的锚索补强,排距为 0.8 m。用于进风、运煤、进出物料和行人,电气列车移动。

5.1.3.2 轨道巷

巷道长 941 m,采用全锚支护,矩形断面,净高 3.3 m,净宽 4.5 m,断面为

14.85 m²。采用高强高预力可变形让压锚杆配合双钢筋托梁支护(锚杆顶5根、帮4根),排距为1 m;顶部打设三花布置的锚索补强,排距为1 m。用于回风、进出物料和行人。

5.1.3.3　尾巷

采用全锚支护,矩形断面,净高3.2 m,净宽4.5 m,断面积为14.4 m²。采用高强高预力可变形让压锚杆配合双钢筋托梁支护,排距为1 m;三花布置锚索补强。主要用于排放瓦斯。

5.1.3.4　切眼

切眼为矩形断面,巷道净宽7 m,净高3.2 m,净断面积为22.4 m²。顶部和老塘帮采用高强高预应力可变形让压锚杆配合双钢筋托梁支护,并采用锚索补强。煤墙帮采用玻璃钢锚杆配合钢塑网和打眼托板支护,用于安装综采设备。

5.2　垮落法开采地表移动变形预计

5.2.1　沉陷预计几何参数的确定

S5-12工作面如图5-1所示,用CAD软件从图中量取各个几何参数值,确定的工作面几何参数如表5-2所示。工作面上方的建筑物主要是柏油路和王庄预制厂,工作面走向长度为260 m,倾向斜长为90 m,采高为6.12 m,倾角为1.5°,平均采深为390 m,上边界采深为388 m,下边界采深为392 m。

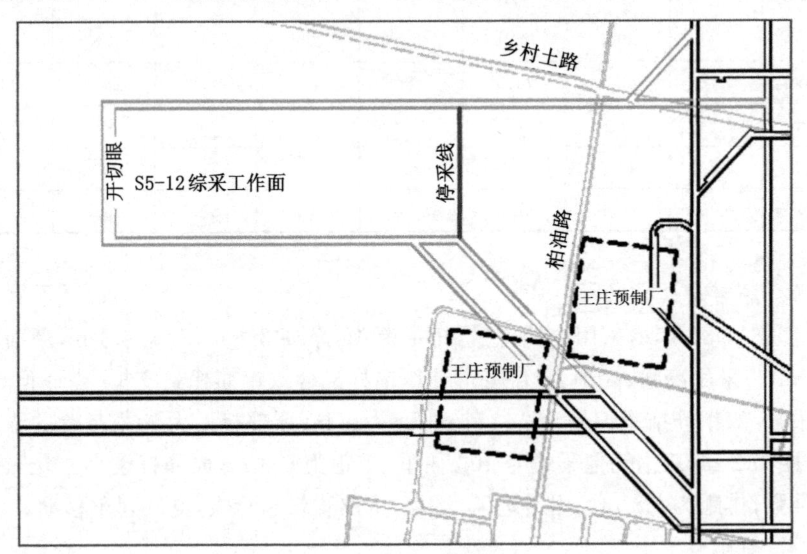

图5-1　S5-12工作面位置

表 5-2 S5-12 工作面几何参数

名称	走向长度/m	倾向斜长/m	采高/m	倾角/(°)	平均采深/m	上边界采深/m	下边界采深/m
S5-12	260	90	6.12	1.5	390	388	392

5.2.2 地表移动变形预计及分析

根据已确定的 S5-12 工作面岩移参数和几何参数，利用矿山开采沉陷可视化预计系统软件对 S5-12 工作面垮落法开采引起的地表移动变形进行预计。得到垮落法开采后的地表各点的下沉值、倾斜值、曲率值、水平变形值等。利用 Sufer 绘图软件将预计结果的各个变形值进行可视化处理，再将结果以 CAD 格式导出，并与井上下对照图相结合，得到最后开采后的变形等值线图。根据开采后的变形等值线图，分析垮落法开采对地表建筑物的影响程度。

从预计结果的数据中提取各种变形的最大值，列于表 5-3 中。并绘制出开采引起的地表移动变形等值线，如图 5-2～图 5-5 所示。

表 5-3 地表移动变形值范围

最大下沉值 W/mm	最大倾斜变形值 $i/(\mathrm{mm \cdot m^{-1}})$	最大曲率变形值 $K/(\times 10^{-3}\ \mathrm{m^{-1}})$	最大水平变形值 $/(\mathrm{mm \cdot m^{-1}})$
1 546	15.6	−0.11～0.22	−3.2～5.4

从下沉值等值线图中可以看出最大下沉值为 1 500 mm，形成了一个尖底的盆形，说明开采未达到充分采动。从倾斜变形值等值线图可以看出王庄预制厂的最大倾斜值为 5 mm/m，超过了一级建筑物保护标准。在曲率值等值线图中王庄预制厂的最大曲率变形值小于 0.13×10^{-3}/m，在一级保护标准范围之内。从水平变形等值线图可以看出王庄预制厂的最大水平变形值超过了 3 mm/m，超过了一级的保护标准。通过以上分析可知王庄预制厂在完全垮落开采后地表的变形超过了其可承受的变形范围，将造成工厂的损坏。

从图 5-2～图 5-5 中可以看出柏油路处的最大倾斜值小于 3 mm/m，曲率变形值小于 0.2×10^{-3}/m，水平变形值小于 2 mm/m。都达到一级的保护标准，所以柏油路不会受到垮落法开采影响造成的损坏。

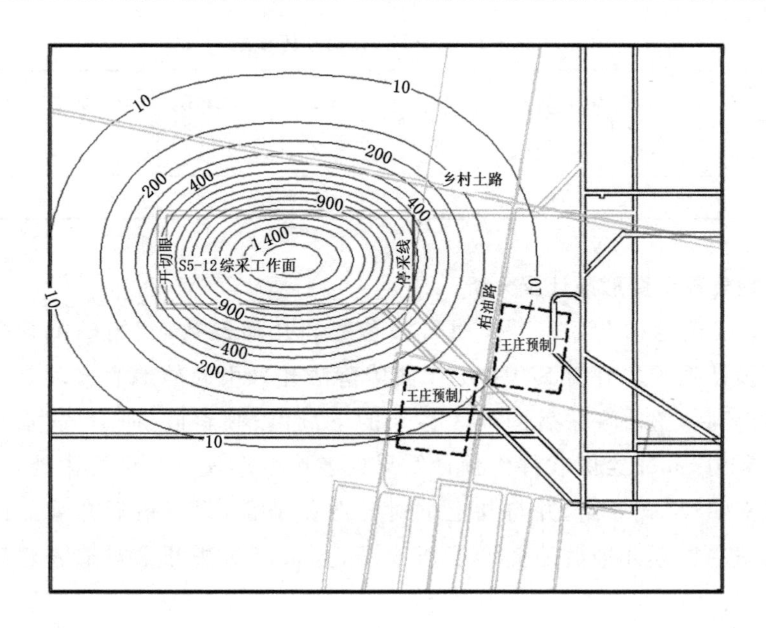

图 5-2　垮落法开采下沉值等值线

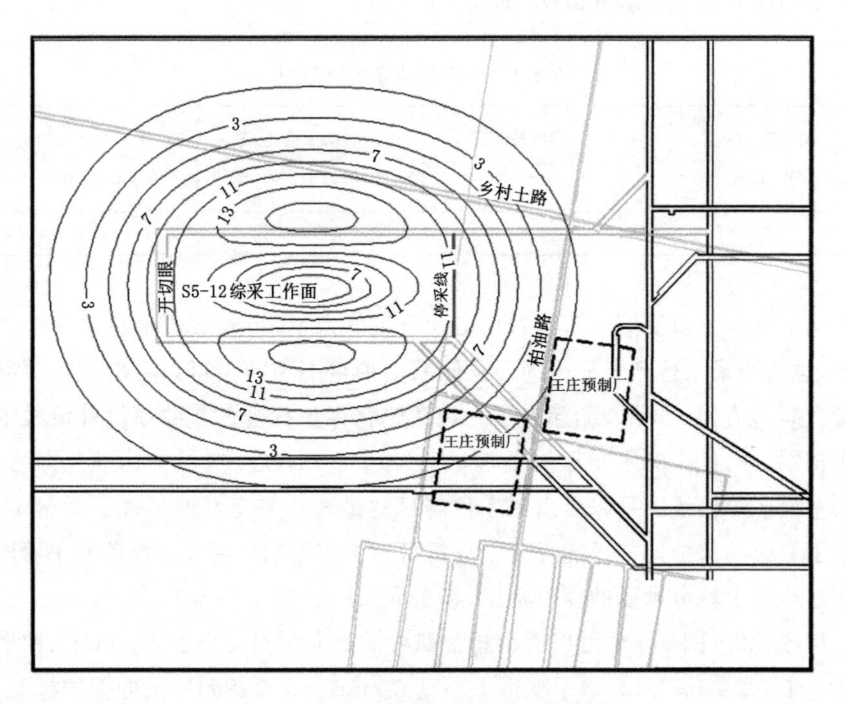

图 5-3　垮落法开采倾斜变形值等值线

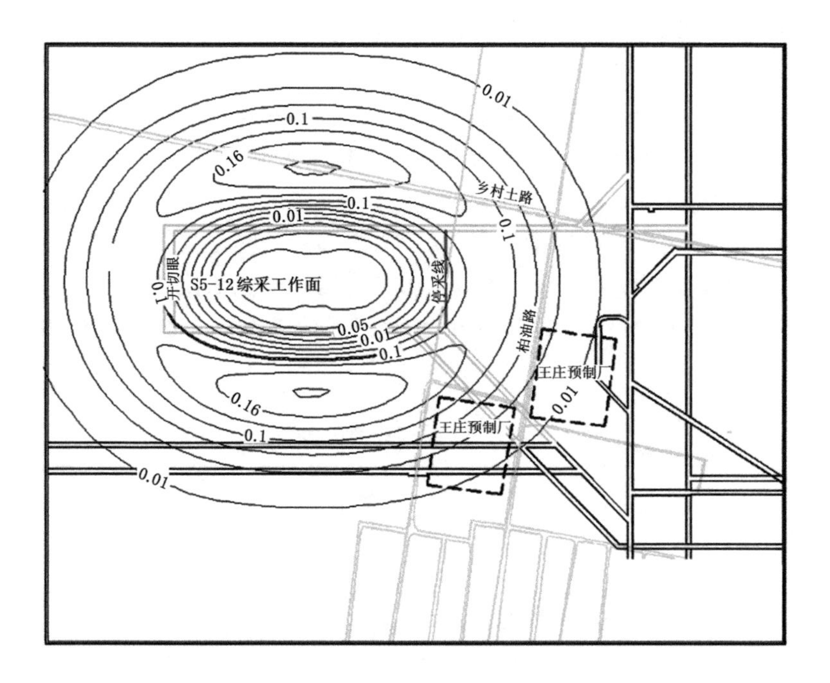

图 5-4　垮落法开采曲率变形值等值线

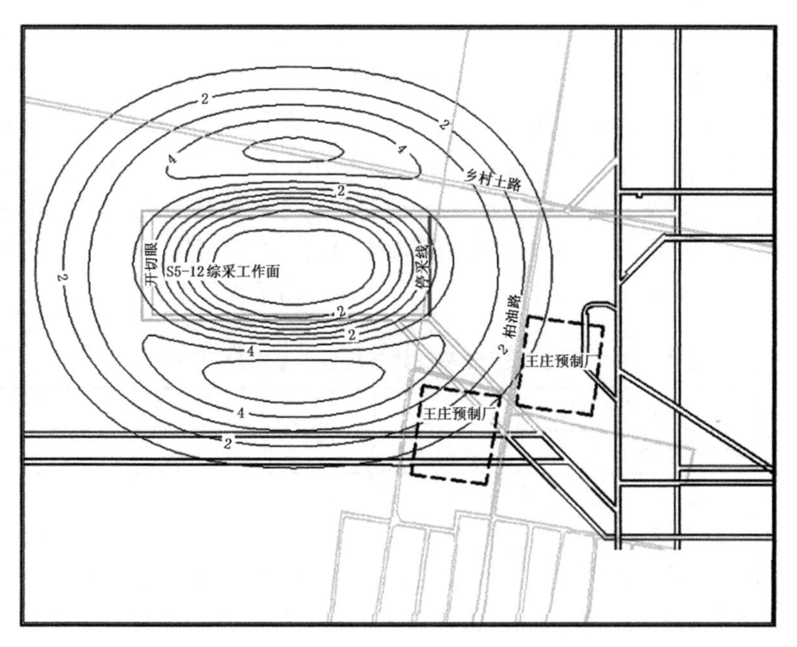

图 5-5　垮落法开采水平变形值等值线

5.2.3 S5-12 工作面保护煤柱设计及压煤量计算

5.2.3.1 保护煤柱留设参数

保护煤柱是指专门留设在井下不予采出的，旨在保护其上方岩层内部和地表的上部保护对象不受开采影响的那部分煤炭。

(1) 岩层移动角 β、γ、δ

影响保护煤柱尺寸的因素很多，其中岩层移动角是主要的影响因素。由于缺乏观测资料，村庄的移动角可采用类比法确定。类比法是指把与本矿区特征和开采条件相类似的矿区的参数作为本矿区的参数。δ 值可以从表 5-4 中选取。

表 5-4 走向移动 δ 值

深厚比 H/m		$\delta/(°)$				
		$\alpha<10°$	$10°\leqslant\alpha<15°$		$\alpha\geqslant15°$	
			正向	反向	正向	反向
采厚≤2.5 m	$H/m\leqslant100$	68	68	55	68	50
	$100<H/m<200$	72	72	60	72	55
	$H/m\geqslant200$	75	75	65	75	60

基岩移动角：煤层倾角 $\alpha<5°$ 时，$\beta=\gamma=\delta=75°$。

(2) 建(构)筑物保护等级与围护带宽度

由于地质条件的复杂性，在留设煤柱时，应适当加大煤柱尺寸，确保被保护对象不受开采的影响。加大煤柱尺寸有两种方式，一是在被保护对象周围按保护等级加一定宽度的围护带，另一种是适当减小岩石的移动角，常用的是加围护带。根据有关规定，围护带宽度应按表 5-5 选取。由于村庄人口密集，应按一级保护标准留设围护带。由表 5-5 可知，一级保护的围护带宽度为 20 m。

表 5-5 不同保护等级保护带宽度

建筑物和构筑物的保护等级	Ⅰ	Ⅱ	Ⅲ	Ⅳ
围护带宽度 S/m	20	15	10	5

5.2.3.2 保护煤柱位置

根据以上参数确定王庄保护煤柱范围，得出 S5-12 工作面与保护煤柱位置关系，如图 5-6 所示。从图中可以看出 S5-12 工作面有一部分进入保护煤柱范围内，S5-12 工作面的总压煤量为 33.0 万 t，进入保护煤柱内压煤量为 14.6 万 t，进入保护煤柱下压煤量占整个工作面的压煤量的 44.2 %。

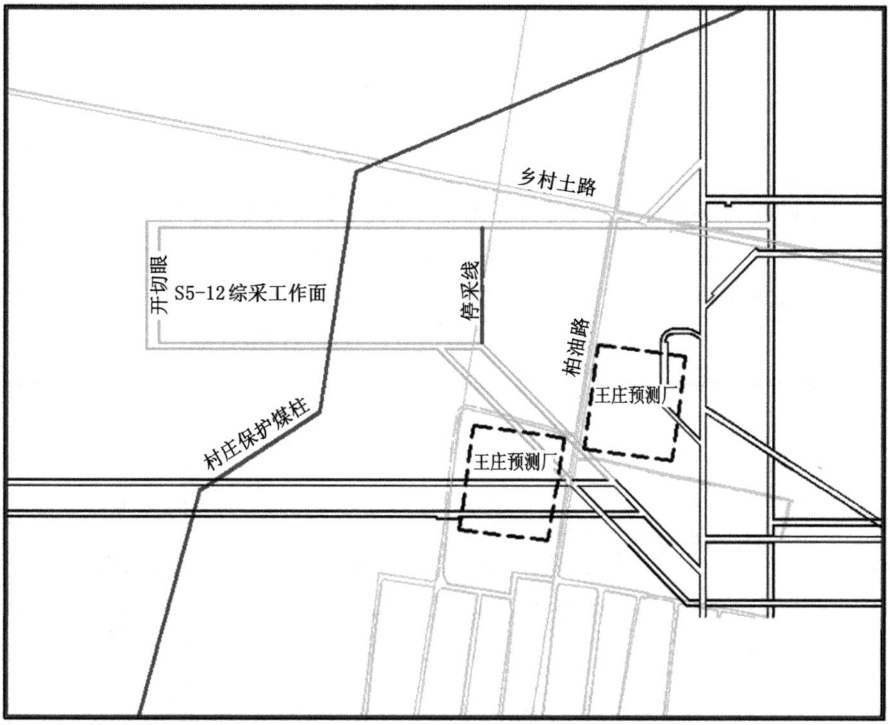

图 5-6 S5-12 工作面与保护煤柱位置

5.3 部分充填开采地表变形预计及分析

5.3.1 部分充填开采地表变形预计

保护煤柱以外的开采活动不会对保护的建筑物造成影响,所以充填开采,只充填保护煤柱部分,煤柱以外采用完全垮落法开采。考虑到其他未知因素的影响,在预计结果的一级标准的边缘距离要保护的建筑物至少 10 m。充填开采时的参数除采高外其他参数与垮落法开采时参数取值相同,其中煤柱内工作面长度为 122 m,经过反复试算确定当采高为 3.5 m 时可以满足地表变形在一级标准之内。预计参数见表 5-6。

表 5-6 S5-12 工作面部分充填开采几何参数

位置	走向长度/m	倾向斜长/m	采高/m	倾角/(°)	平均采深/m	上边界采深/m	下边界采深/m
煤柱内	122	90	3.5	1.5	390	388	392
煤柱外	138	90	6.12	1.5	390	388	392

根据已确定的预计参数，利用矿山开采沉陷可视化预计系统和复采条件下沉陷预计叠加系统对 S5-12 工作面开采引起的地表移动变形进行预计。Sufer 绘图软件将预计结果可视化处理，结果以 CAD 格式导出与井上下对照图相结合，得到充填开采后变形等值线图。如图 5-7～图 5-10 所示。

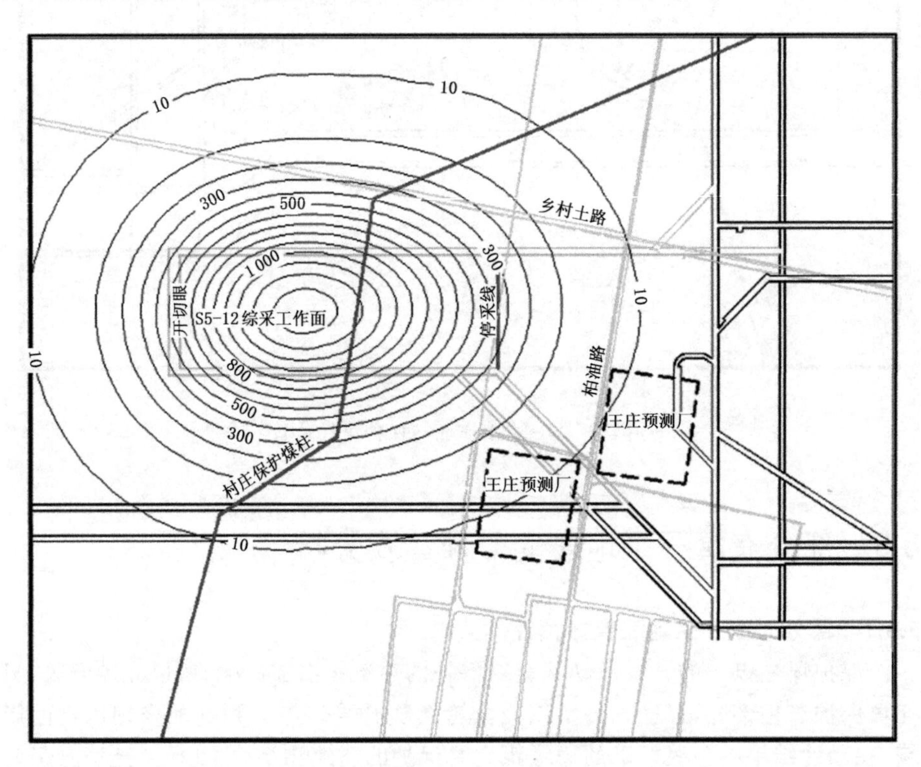

图 5-7 充填开采下沉值等值线

从下沉值等值线图中可以看出最大下沉值为 1 300 mm，形成了一个尖底的盆形，说明未达到充分采动。从倾斜变形值等值线图中可以看出王庄预制厂距离一级标准线 3 mm/m 等值线最小距离为 10 m，符合保护要求。从曲率变形

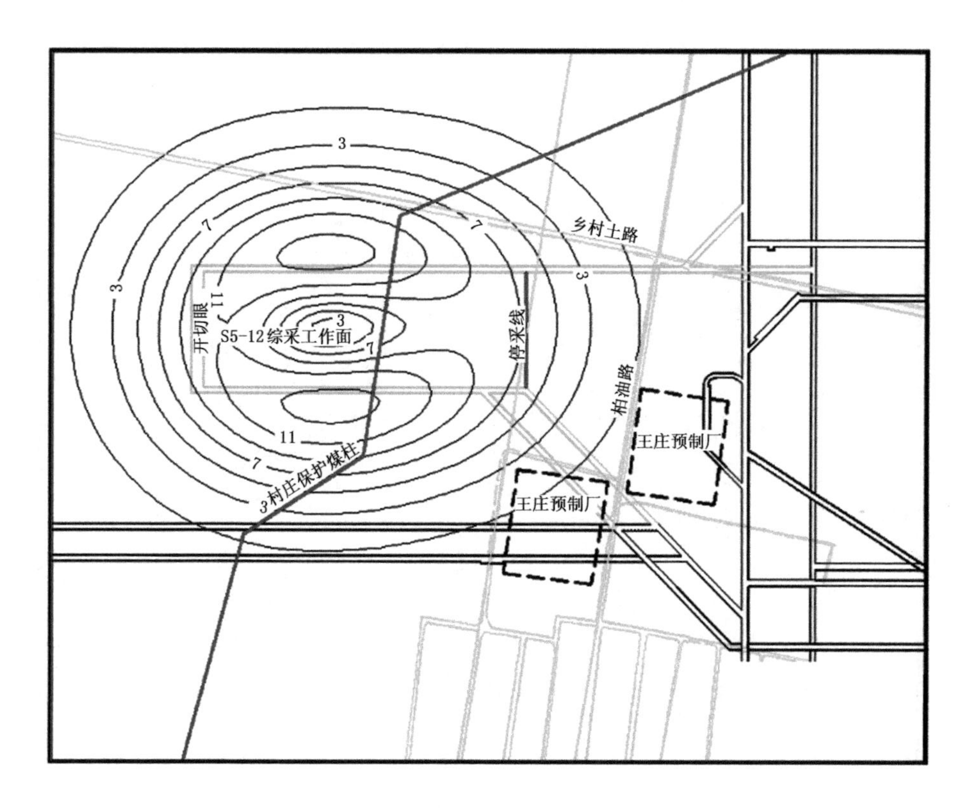

图 5-8　充填开采倾斜变形值等值线

值等值线图中可以看出王庄预制厂的最大曲率值小于 0.1×10^{-3}/m，在一级保护标准范围之内。从水平变形值等值线图中可以看出王庄预制厂距离一级标准线 2 mm/m 等值线最小距离为 11 m，符合保护要求。通过以上分析可知王庄预制厂在保护煤柱部分采高为 3.5 m 时地表的变形在保护等级一级范围之内，可以保证王庄预制厂的安全使用。

5.3.2　等效采高

在矸石充填开采过程中实际的顶板下沉量并非是实际的采高，那么在充填开采过程中采用等效采高计算顶板的实际下沉量。

等效采高由矸石充填前顶底板移近量、矸石充填体的压缩量和矸石充填的欠接顶量组成(图 5-11)，矸石充填前顶底板移近量如图 5-11(a)所示，充填矸石的欠接顶量如图 5-11(b)所示，矸石充填体的压缩量如图 5-11(c)所示。

等效采高可按式(5-1)得出：

$$M_c = h_m + h_q + h_y \tag{5-1}$$

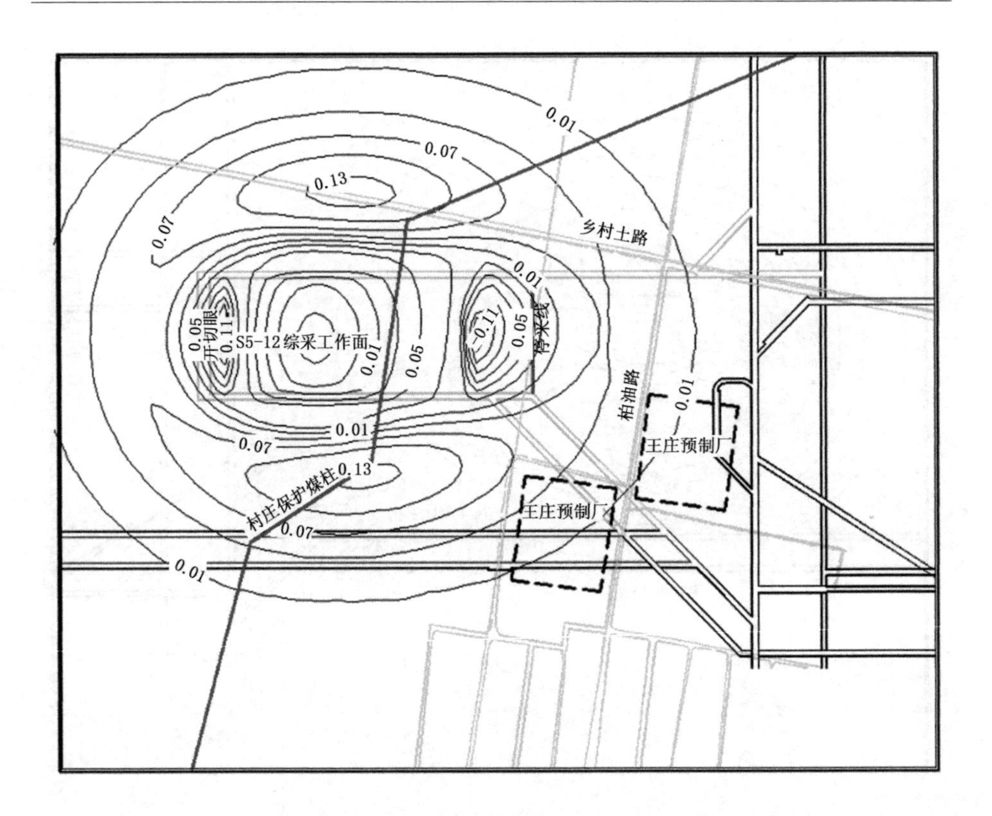

图 5-9　充填开采曲率变形值等值线

式中　M_c——等效采高，m；

h_m——矸石充填前顶底板移近量，m；

h_q——矸石充填的欠接顶量，m；

h_y——矸石充填体的压缩量，m。

由几何关系可知：

$$h_y=(M-h_m-h_q)\cdot\eta \tag{5-2}$$

式中　M——实际采高，m；

η——矸石充填体压缩率，%。

式(5-1)代入式(5-2)整理得出矸石充填的等效采高计算式为：

$$M_c=(h_m+h_q)\cdot(1-\eta)+\eta\cdot M \tag{5-3}$$

5.3.3　矸石充填量的确定

由 5.2 节预计结果得知当等效采高为 3.5 m 时可以保证地表建筑物达到一级保护标准，则最终矸石压实后的高度 h_y 为 6.12 m－3.5 m＝2.62 m。由等效

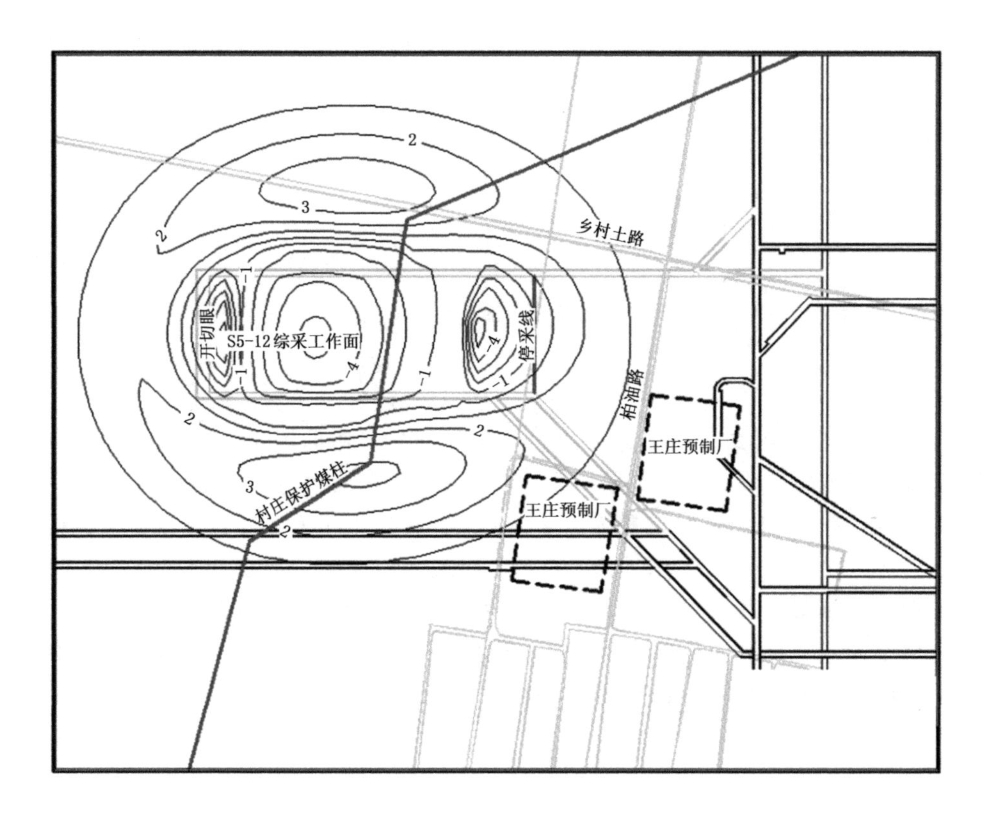

图 5-10 充填开采水平变形值等值线

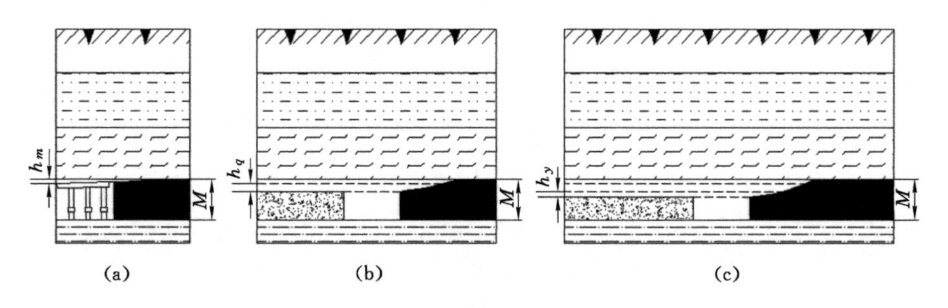

图 5-11 等效采高的组成

采高的计算模型,即式(5-3)反推出矸石充填量计算模型。

由等效采高的定义可知充填高度 h_c 与欠接顶高度之和的计算方法为:

$$h_c + h_q = M - h_m \tag{5-4}$$

变形得:

$$h_c = M - h_m - h_q \tag{5-5}$$

由式(5-3)可知矸石欠接顶高度计算公式为：

$$h_q = \frac{M_c - M\eta}{1 - \eta} - h_m \tag{5-6}$$

则矸石充填高度最终的计算模型为：

$$h_c = M - \frac{M_c - M\eta}{1 - \eta} \tag{5-7}$$

当 M 为 6.12 m，M_c 为 3.5 m 时，则充填高度 h_c 的计算式为：

$$h_c = 6.12 - \frac{3.5 - 6.12\eta}{1 - \eta} \tag{5-8}$$

由式(5-8)可知在充填开采之前要做的准备工作即测试矸石的压缩率，进而确定矸石的充填量。在实际开采过程中矸石的压缩率与顶板压力和矸石岩石力学特性有关，所以在确定压缩率之前必须测得顶板压力和矸石岩石力学特性。

通过收集矸石压缩率的实验数据得出最大压缩率一般在 0.3～0.35 之间，取最大的压缩率为 0.35 计算充填高度，则矸石充填高度为 4.03 m，矸石充填的充满率为 65.8%。在实际的生产中充满率达到 65.8%是一个容易达到的标准，所以矸石充填技术在本工作面实施是可行的。

6 高速公路下同一水平多工作面充填开采地表沉陷预测预警

6.1 工程概况

6.1.1 井田交通位置

沈阳焦煤股份有限责任公司西马煤矿位于红阳煤田南部，地理坐标为东经 123°10′，北纬 41°21′。井田北起后葛针泡村，南止太子河北岸防洪堤，长 7.5 km，东自东马峰村，西至前葛针泡村、乌大哈堡，宽 4 km，面积为 30 km^2，其中含煤面积为 25 km^2。该矿井处于沈阳市至鞍山市之间，沈大高速公路纵贯井田中心。以井田中心算起，北距沈阳市 56 km，距灯塔市 13 km；南到辽阳市 10 km，到鞍山市 40 km，交通极为便利。

6.1.2 矿井开拓

西马煤矿于 1978 年开工建设，1989 年 12 月 27 日正式投产，首采区为南一区，于 1996 年正式达产。矿井以一对竖井和一个风井开拓，单水平上下山开采，中央边界、抽出式通风。矿井主要运输方式是以胶带和 3 t 底卸式矿车运输为主，1 t 矿车运输为辅。

该矿井设计单位为沈阳煤炭设计院，原设计生产能力为 75 万 t/a，服务年限为 50.5 a，经过改造，2006 年上报省煤炭管理局重新核定生产能力为 160 万 t/a。井田划分为 8 个采区，分别为南一区、南二区、南三区、北一区、北二区、西一区、西二区、深部区。

6.1.3 北翼充填采区

本采区内是把北一采区和北二采区的未采部分集中到一起而重新划定的采区。该采区的特点是大部分煤层为各类保护煤柱所占，各类煤柱压煤占采区总储量的 84%。

6.1.3.1 地质条件

（1）地层

本采区地层以奥陶系灰岩作为含煤地层基岩，其上覆岩层依次为石炭系、二叠系、侏罗系及第四系，综合柱状如图 6-1 所示。

地质时代				柱状	煤岩最小厚度～煤岩最大厚度 煤岩平均厚度 /m	岩性描述
界	系	统(亚系)	组			
新生界	第四系				66.10～86.06 76.08	本层上部为亚黏土、黏土、下部为沙土、砾石层
					0～94.06 47.03	上部为紫色粉砂岩，松软；中部为砾岩、灰绿色绿灰岩、紫色粉砂；下部为灰绿色砾岩
					0～34.1 17.05	灰白色中砂岩，石英为主，长石及黑色矿物，紧密，分选较好
中生界	侏罗系	上侏罗统			0～16.23 8.12	上部为灰黑色细砂岩，中部为灰白色中砂岩、黑色泥岩，下部为黑色粉砂岩
					0～0.29 0.15	1煤层黑色，块状亮型煤
					0～14.56 7.28	上部为灰黑色细砂岩，中部为灰色粉砂岩、灰色中砂岩，下部为泥岩
					0～1.01 0.51	2煤层黑色，碎块亮煤，中部夹泥岩
					0～9.35 4.68	上部为黑色泥岩，中部为灰色中砂岩，下部为黑色粉砂岩
古生界	二叠系	乌拉尔统	下石盒子组		0～0.74 0.37	3煤层黑色，粉状亮型煤
					0～14.1 7.05	上部为灰黑色细砂岩，中部为深灰色粉砂岩，下部为灰黑色粉砂岩
					0～0.28 0.41	4煤层黑色，块状、粉状亮型煤
					0～4.82 2.41	黑色粉砂岩，泥质，致密，含根化石
					0～0.37 0.20	5煤层黑色，粉状，亮型煤
			山西组		0～11.58 5.79	上部为黑色粉砂岩；下部为黑色泥岩，夹有粉砂岩
					0～0.71 0.38	6煤层黑色，块状、粉状亮型煤
					0～15.01 7.51	上部为深灰色粉砂岩：中部为黑色泥岩、黏土岩：下部为黑色泥岩，含粉砂岩
					0～3.68 1.84	7煤层黑色，块状、粉状亮型煤
					0～29.85 14.93	上部为黑色泥岩；中部为灰黑色细砂岩，中砂岩、粉砂岩互层；下部为黑色泥岩
	石炭系	宾夕法尼亚亚系	太原组		0～0.35 0.18	8煤层黑色，粉状，碎块状亮型煤
					0～8.07 4.04	上部为黑色泥岩，中部为黑色粉砂岩，下部为黑色泥岩
					0～0.39 0.20	9煤层黑色，块状、碎块状光亮型煤含科达木化石
					0～9.42 4.71	上部为黑色粉砂岩，中部为灰色中砂岩、灰黑色细砂岩，下部为黑色泥岩
					0～0.14 0.10	11煤层黑色，块状光亮型煤
					0～17.86 8.93	上部为灰白色中砂岩，中部为灰色细砂岩，下部为黑色粉砂岩
					0～0.14 0.10	上部为黑色粉状煤线，下部为黑色泥岩
					1.66～3.37 2.43	12煤层为复合煤层，一般含两层煤，上煤层：黑色，上部块状下部粉状光亮型煤。泥岩：灰黑色或黑色，上部含少量炭质，性脆。下煤层：黑色，粉状光亮型煤
					11.04～24.95 18.00	上部为灰黑色粉砂岩，中部为灰白色粗砂岩，下部为灰白色中砂岩

图 6-1　北翼充填采区地层综合柱状

石炭系为本井田主要含煤地层，本组岩性以中砂岩、粗砂岩、细砂岩、粉砂岩、泥岩、煤、黏土岩互层组成。含煤 7 层，即 8 煤层至 14 煤层，其中 12 煤层为主要可采煤层，13 煤层为次要可采层。

二叠系岩性为中砂岩、细砂岩、粉砂岩、泥岩、煤或炭质泥岩、黏土岩互层，含煤 7 层，即 1 煤层至 7 煤层。

侏罗系地层呈不整合形式覆于各地层之上，超伏线在哈大高速公路以西，地层岩性为粉砂岩，底部为一层砂岩和砾石，成分以石英岩为主，花岗岩、砂岩、泥岩次之。厚度为 0～94.06 m。

第四系为厚层含水丰富的松散地层。该地层发育普遍，上部为黏土、亚黏土及亚砂土，厚 5～16 m；下部为砂砾、卵石层，厚 39.33～99.95 m，为主要含水层。

第四系地层厚度变化是，从北向南逐渐增厚，而砾石的粒径也随之由细变粗，从井田东部向西黏土层由厚变薄，而砂砾、卵石层则由薄变厚。第四系底部砂砾、卵石层在不同地段与下伏煤系的砂岩、泥岩、粉砂岩相接，特别在井田东部砂砾、卵石层与基岩风化带、火成岩露头、煤系露头直接接触，具有密切的水力联系。

(2) 区内地质构造

① 褶曲。本区南部为复式背向斜(含一个背斜、一个向斜)，均向南西倾伏，轴向 230°～250°，地层产状变化较大，倾向 180°～320°，倾角为 5°～17°，等高线呈不规则半环形，扇状分布。本区北部地层较平缓，产状变化不大，倾向 260°～280°，倾角为 5°～10°

② 断层。本区域内有 7 条主要断层，其特征见表 6-1。从邻区及本区内巷道实际揭露断层发育情况分析，本区内落差 0～3 m 的断层会时有出现，且多为正断层。由于煤层底板较顶板抗压强度大，断层多以“顶压”形式存在，出现顶断底不断现象。DF47、DF57、DF56 为物探断层，断层情况及落差有待进一步验证。F33、F35、F089、F091 为采掘实见断层，断层产状相对较可靠。

表 6-1　断层特征

断层	倾向/(°)	倾角/(°)	性质	落差/m	延伸长度/m
DF47	28	65～70	正	0～27	116
DF57	4	65～70	正	0～24	160
DF56	306	65	正	10～30	432
F33	172	50	正	0～20	240
F35	302	80	正	1～15	108
F089	313	48	逆	1～5.6	160
F091	127	75	正	0～5.0	160

③ 陷落柱。本区内实见陷落柱一处，该陷落柱呈椭圆形发育，其长轴约为124 m，短轴为76 m，北翼上部回风巷第二段将其贯穿，陷落柱范围内岩层极其破碎，实掘发现有滴水或淋水现象。

④ 火成岩。本区内37号钻孔穿火成岩88 m，综合邻近采区北一区及巷道实际揭露分析，该区东北侧、北翼上部回风巷东侧发育一条火成岩墙，预计岩墙宽8～30 m，延伸长度为820 m。

6.1.3.2 可采煤层

(1) 12煤层

12煤层为复合煤层，一般含煤两层，12-1层厚度为1.19～1.90 m，平均为1.50 m；夹矸为泥岩，厚度为0.36～0.72 m，平均为0.54 m；12-2层厚度为0.2～0.75 m，平均为0.35 m；12煤层全层厚度为1.66～3.37 m，平均为2.43 m。

12煤层以镜煤、亮煤为主，暗煤次之，煤岩类型以光亮型为主，半亮型次之，似金属光泽，裂隙发育，质脆易碎，煤中多含透镜状，串珠状黄铁矿结核。煤种为无烟煤三号，坚固性系数为0.4～0.9，一般为0.8。

(2) 13煤层

13煤层亦为复合煤层，一般含煤两层，13-1层厚度为0.25～0.89 m，平均为0.57 m；夹矸为泥岩，厚度为0.05～0.67 m，平均为0.36 m；13-2层厚度为0～0.30 m，平均为0.15 m；13-2层局部缺失，13煤层全层厚0.3～1.86 m，平均为1.08 m。

13煤层以亮煤、镜煤为主，暗煤次之，属半亮型煤，颗粒状，粉状，质较硬，条带状结构，参差状断口，煤中偶夹透镜状黄铁矿结核，煤种为无烟煤3号，坚固性系数为0.55～0.17。

6.1.3.3 水文条件

由于井田南界与太子河相接，常年流水；井田西部有沙河流经；井田内灌渠纵横，稻田密布，是构成该井田地表水文地质条件复杂的主要因素。

井田内赋存古生界溶隙含水层、中生界裂隙含水层、第四系孔隙承压强含水层及断层裂隙含水带等。

① 第四系孔隙承压强含水层全区发育，为井田主要含水层，该层以中部黏土为界，上部含水层顶覆厚层黏土，由细、中粗砂组成，组织松散，透水性良好。下部含水层覆于底部黏土之上，由砂岩、砾岩、卵石组成，组织松散。底部黏土2～18 m，由西南向东北增厚，第四系地层全区厚度大于6.08 m。含水层单位涌水量27.97～43.148 $m^3/(s \cdot m)$，渗透系数为52.45～151.09 m/d，属于极复杂(极强富水性)水体。

② 侏罗系砂砾岩裂隙承压中等含水层。本区南部2-57号孔抽水试验单位

涌水量 $q=0.003\ 84\ m^3/(s\cdot m)$，渗透系数 $K=0.003\ 27\ m/d$，该层与第四系含水层有密切的水力联系。

③ 下石盒子组砂岩裂隙承压弱含水层，厚约 17.05 m，单位涌水量为 0.033 7～0.122 $m^3/(s\cdot m)$，渗透系数为 0.103～0.44 m/d。

④ 山西—太原组裂隙承压微弱含水层，单位涌水量为 0.000 728～0.016 2 $m^3/(s\cdot m)$，渗透系数为 0.004 12～0.044 0 m/d，上部煤系露头与第四系含水层直接接触，具有水力联系。

⑤ 本溪组灰岩与奥陶系灰岩溶隙含水层，此层位于煤系地层之下，抽水试验本溪组含水量不大，本井田只在 61 号孔做过奥陶系抽水试验，单位涌水量 0.050 6 $m^3/s\cdot m$，渗透系数为 0.103 m/d。

6.1.3.4 生产系统

运煤系统：采煤工作面刮板输送机→运输巷刮板输送机（转载）→运输巷可伸缩带式输送机→北翼充填采区胶带运输上山固定式带式输送机→采区煤仓→矿井北翼胶带道带式输送机→中央煤仓→中央胶带巷带式输送机→主井井底煤仓。

辅助运输：材料、设备、水泥由副井下→8 t 蓄电池电机车牵引经井底车场→副运输石门→北大巷→北翼充填运输斜上车场→北翼充填运输斜上，北翼充填采区入风材料巷、北翼充填采区入风材料上山均安设 IMM-120TD 型单轨吊，牵引水泥车至混料仓上口，牵引材料、设备车至工作面运输巷，工作面运输巷将根据长度不同安设单轨吊或调度绞车。首采面 N-1201 运输巷较短，安设一台 JD-40型调度绞车即可满足要求。

充填系统：粉碎后的矸石与电厂灰混合后，经 1 号充填立孔下至立孔下端矸石仓内，然后由北翼充填胶带运输巷内带式输送机运至北翼矸石仓内，再经北翼矸石仓下口与混料仓上口的带式输送机运至混料仓内。矸石与水泥在混料仓内进行混合。混料仓下口接充填站，充填站内安设充填泵，混料仓下来的料由充填泵通过北翼充填采区入风材料上山及运输巷内的充填管路运送至采面进行充填。

6.1.3.5 充填工艺

为保证采空区充填体的可靠性、实用性和经济性，采用挡浆帘和挡墙进行挡浆。为保证生产及充填工作的安全性，充填初期工作面每推进 1 m，制作一次挡浆帘，进行一次似膏体充填。采空区顶板完整时可增加每次充填距离至 2 m（工作面回采两个循环，制作一次挡浆帘，进行一次似膏体充填）。当工作面大部分顶板破碎时，缩小充填距离至 1 m。

（1）挡浆帘的制作材料与顺序

挡浆帘由篷布、编织网、竹笆等组成。

制作材料：篷布（2.2 m×5 m）、竹笆（1.5 m×0.8 m）、编织网（1.1 m×10 m）、铁丝、煤矸袋等。

竹笆、编织网、篷布的挂设及回收切顶排支柱间的顺序为：每工作段作业前提前准备一块竹笆，先挂于新切顶排柱（第三排），在竹笆向空区侧依次挂设编织网、篷布，挂挡浆帘长度大于回收一块竹笆的长度后可进行回收切顶排支柱、竹笆的工作。制作挡浆帘必须超前于回收切顶排支柱作业。

设挡浆帘的各种材料间的顺序从空区向煤壁侧依次为篷布、编织网、竹笆。竹笆、编织网、篷布破损不能重复使用时，不再进行回收。竹笆、编织网底部垂至底板，上部挂在新切顶排支柱顶盖或柈子上。设挡浆帘时清净浮货杂物见硬底，篷布下端留有不少于 0.3 m 的余量，用凝固的似膏体、煤矸袋压实。篷布与篷布之间压茬用针线缝合严密连接。竹笆、篷布、编织网每道工序铺设时连接处压茬不小于 0.3 m。

(2) 挡墙的制作材料与顺序

当工作面煤层有倾角和倾角变化较大处时，为保证充填效果，设置挡浆帘前在切顶排柱与第三排柱内打设挡墙。

制作材料：点柱（规格 $\phi\geqslant0.14$ m 的硬质圆木）、柈子（$\phi\geqslant0.14$ m 的硬质半圆木）、煤矸袋、篷布、铁钉、楔子等。

制作顺序：根据工作面实际倾角情况，回柱前选择适当位置打设挡墙。原则为该段挡墙顶板与本段最上方位置的采高一半处在同一水平面上，即充填期间下部挡墙充满的同时本段上部能充填一半采高。生产期间根据实际充填料流动情况及时增减挡墙数量及每巷的打设高度。打设挡墙时首先在新老切顶排间沿走向打设两根圆木点柱，一根打设在原切顶排，另一根打设于新切顶排靠采空区侧。点柱必须打设牢固，底根必须打在硬底上，上方用楔子楔紧。两柱间距不小于 0.6 m，然后在两柱间钉柈子，柈子长度为 1 m，两柈子间接严。再于柈子上钉篷布，保证上侧充填料不从柈子间跑出。在浆墙靠空区与切顶排挡浆帘间隙处用煤矸袋堵严，防止跑浆。挡墙自下向上材料顺序为点柱、柈子、篷布。

(3) 分段充填工序要求

由于本工作面采取自上向下、分段充填的顺序。当上段控制区域充填接近尾声时，由下段操作人员打开下段支充填管路阀门，同时关闭主充填管路阀门，确认准备好后开启上段主阀门，并且关闭支阀门。以此类推，直至充完所有充填区域。如充填管路内压力允许，两段可同时进行充填作业。

6.2 高速公路下保护煤柱工作面布置

在高速公路下的12煤层保护煤柱中布置的工作面分别为N-1205工作面、N-1206工作面、N-1209工作面、N-1210工作面、N-1211工作面和N-1212工作面，如图6-2中阴影部分所示。6个工作面所在位置的煤层倾角范围为8°～9°，属于缓倾斜煤层。

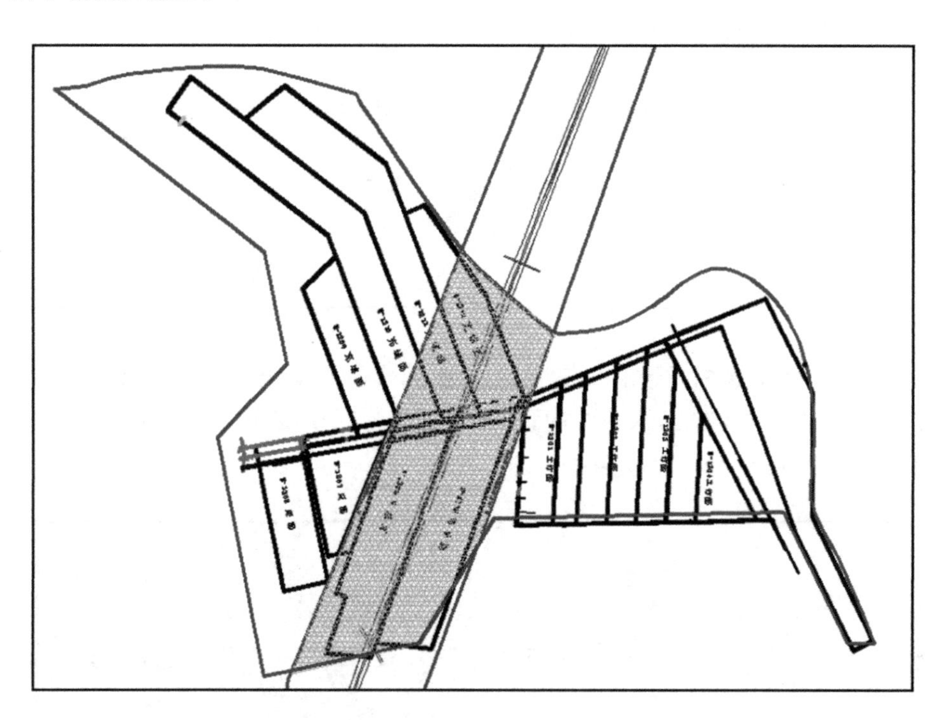

图6-2 充填采区高速公路下保护煤柱工作面布置示意图

6.3 地表移动变形预测预警

6.3.1 预测预警范围及预测预警参数的确定

根据工作面布置方案可知，N-1205工作面、N-1206工作面、N-1210工作面、N-1211工作面和N-1212工作面部分或是全部位于保护煤柱之内，而且N1209工作面的一角深入煤柱之中。

根据保护煤柱留设方法可知，位于煤柱之外的开采活动不会对高速公路产生影响。因此，只对进入煤柱的 6 个工作面进行预测预警分析。

另外为了保险起见，分别对位于保护煤柱附近的工作面进行地表移动变形预测预警，对这些工作面开采是否影响高速公路开展进一步的验证。

6.3.1.1　N-1201 工作面

N-1201 工作面位于高速公路以外，但是位于西马峰村保护煤柱之内，工作面为仰斜布置。倾斜长度为 393 m，走向长度为 120 m，平均埋深为 210 m。根据预测预警参数的选择方法确定的预测预警参数见表 6-2。

表 6-2　N-1201 工作面预测预警参数

工作面名称	下沉系数	水平移动系数	最大下沉角/(°)	开采影响传播角/(°)	主要影响角正切	拐点偏距			
						左边界/m	右边界/m	上边界/m	下边界/m
N-1201	0.72	0.35	84.6	84.6	2	18.5	18.5	17	－20

根据以上的预测预警参数得出 N-1201 工作面的预测预警范围如图 6-3 所示。从图中可以看出，开采影响的边界（下沉值为 0 m）距离高速公路的路基还有 81 m，没有影响到高速公路的安全。

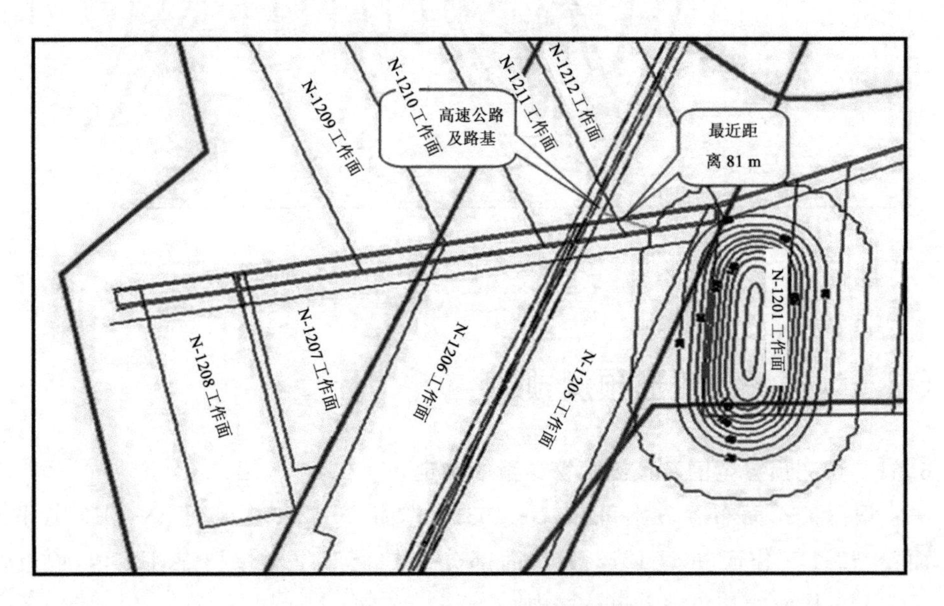

图 6-3　N-1201 工作面影响范围

6.3.1.2 N-1207 工作面和 N-1208 工作面

N-1207 工作面和 N-1208 工作面位于高速公路以外，但是位于白荒地村保护煤柱之内，工作面都为仰斜布置。N-1207 工作面为三角形工作面，倾斜长度为300 m，平均走向长度为 170 m，平均埋深为 230 m。N-1208 工作面倾斜长度为 380 m，走向长度为 150 m，平均埋深为 270 m。根据预测预警参数的选择方法确定的预测预警参数见表 6-3。

表 6-3 N-1207 工作面和 N-1208 工作面预测预警参数

工作面名称	下沉系数	水平移动系数	最大下沉角/(°)	开采影响传播角/(°)	主要影响角正切	拐点偏距			
						左边界/m	右边界/m	上边界/m	下边界/m
N-1207	0.72	0.35	84.6	84.6	2	23	23	22	−24
N-1208	0.72	0.35	84.6	84.6	2	27	27	26	−28

根据以上的预测预警参数得出 N-1207 工作面和 N-1208 工作面的预测预警范围如图 6-4 所示。从图中可以看出，开采影响的边界(下沉值为 0 m)距离高速公路的路基还有 56.5 m，没有影响到高速公路的安全。

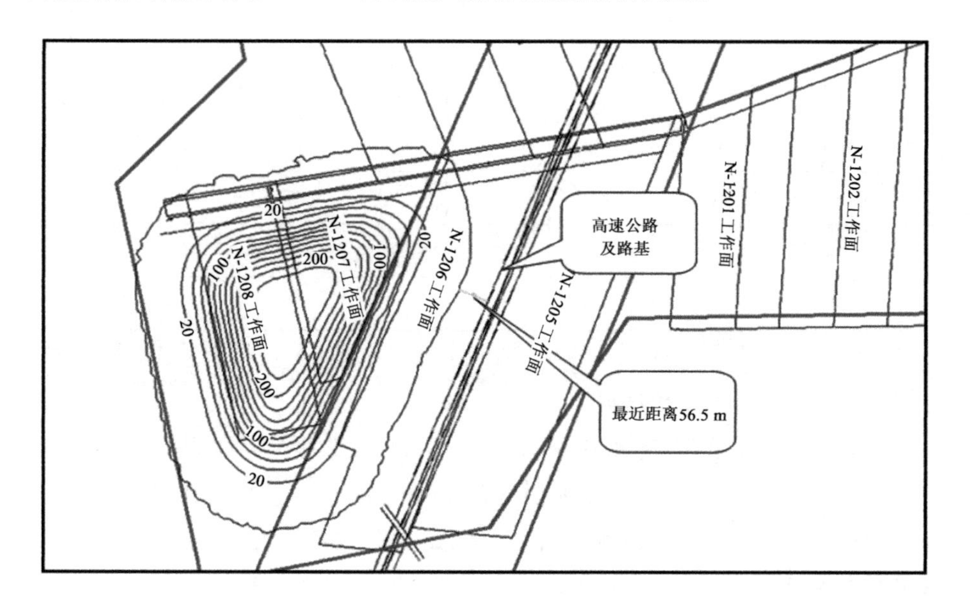

图 6-4 N-1207 工作面和 N-1208 工作面影响范围

根据以上的分析可知,N-1201 工作面、N-1207 工作面和 N-1208 工作面开采后不会对高速公路造成影响。所以确定采动影响的预测预警工作面包括 N-1205 工作面、N-1206 工作面、N-1209 工作面、N-1210 工作面、N-1211 工作面和 N-1212 工作面,各个工作面的预测预警参数如表 6-4 所示。

表 6-4　各个工作面预测预警参数

工作面名称	N-1205	N-1206	N-1209	N-1210	N-1211	N-1212
等效采高/m	0.372	0.372	0.445	0.445	0.445	0.445
煤层倾角/(°)	8	8	9	9	9	9
工作面推进长度/m	662.7	665.5	492.6	1 313.5	1 140.5	571
工作面长度/m	184.4	184	140	138	170,127	160
平均采深/m	215	235	210	190	170	150
下沉系数	0.72	0.72	0.72	0.72	0.72	0.72
水平移动系数	0.35	0.35	0.35	0.35	0.35	0.35
最大下沉角/(°)	85.2	85.2	84.6	84.6	84.6	84.6
开采影响传播角/(°)	85.2	85.2	84.6	84.6	84.6	84.6
主要影响角正切	2	2	2	2	2	2
拐点偏距左边界/m	0	24	21	19	17	15
拐点偏距右边界/m	21.5	0	21	19	17	15
拐点偏距上边界/m	19	22	20	18	16	14
拐点偏距下边界/m	−24	−26	−22	−20	−18	−16

6.3.2 地表变形预测预警结果

根据已确定的预测预警参数,首先利用地表开采沉陷预测预警系统软件分别对以上确定的 6 个工作面引起的地表移动变形进行单工作面预测预警;然后又依据单工作面预测预警结果数据,利用多工作面开采地表变形预测预警系统软件对 6 个工作面开采后引起的移动变形数据进行叠加和合成。根据工作面开采设计,在预测预警过程中的开采顺序为 N-1205 工作面、N-1206 工作面、N-1209 工作面、N-1210 工作面、N-1211 工作面和

N-1212工作面。

下面对6个工作面开采后引起的移动变形分别进行分析。

6.3.2.1 地表下沉

利用叠加后的各坐标点下沉数据绘制地表下沉值等值线图(图6-5)。从图中可以看出,地表最大下沉值为280 mm,而且影响范围内的绝大部分区域的下沉值在100 mm以上(图6-5中粗实线圈定部分),特别是在下端的桥台处超出了允许上限。

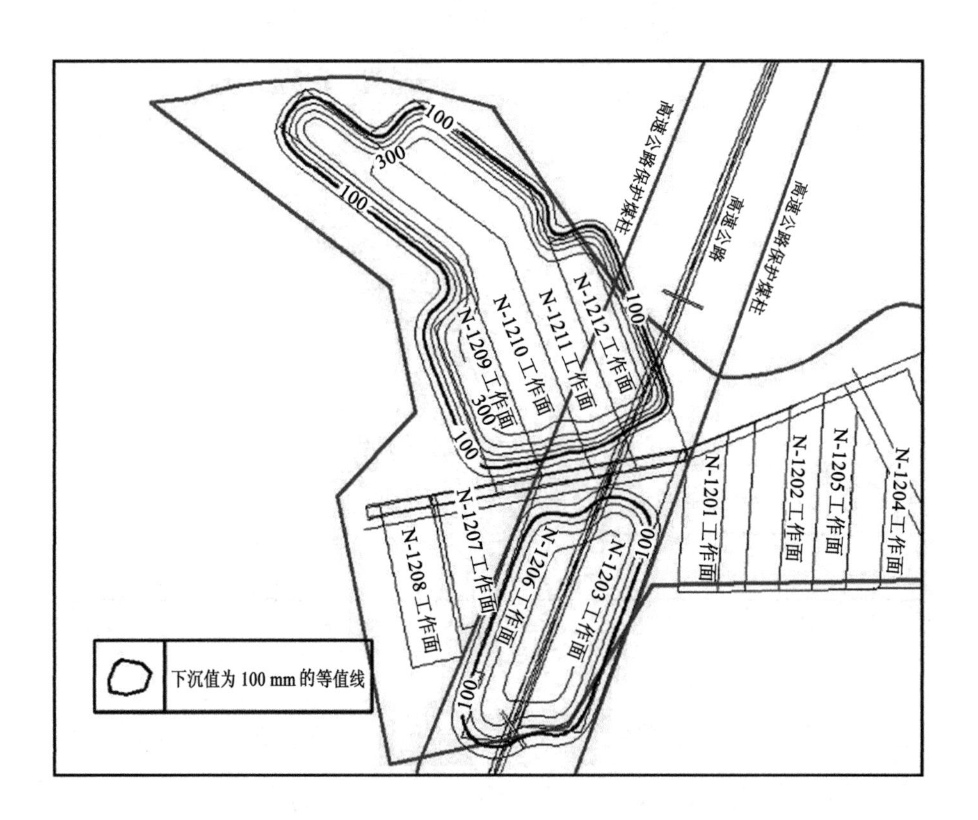

图6-5 全采后地表下沉值等值线

6.3.2.2 倾斜变形

绘制倾斜变形值等值线,如图6-6所示。最大倾斜变形值为4.0 mm/m,超出了已确定的允许范围上限。超限位置一部分在N-1208工作面走向上侧;另一部分分布在N-1210工作面、N-1211工作面和N-1212工作面走向两侧和N-1212工作面走向上侧，呈门形分布。超限部分基本上是不闭合环状分布。而N-1212工作面右上角超限部分位于高速公路通过处。

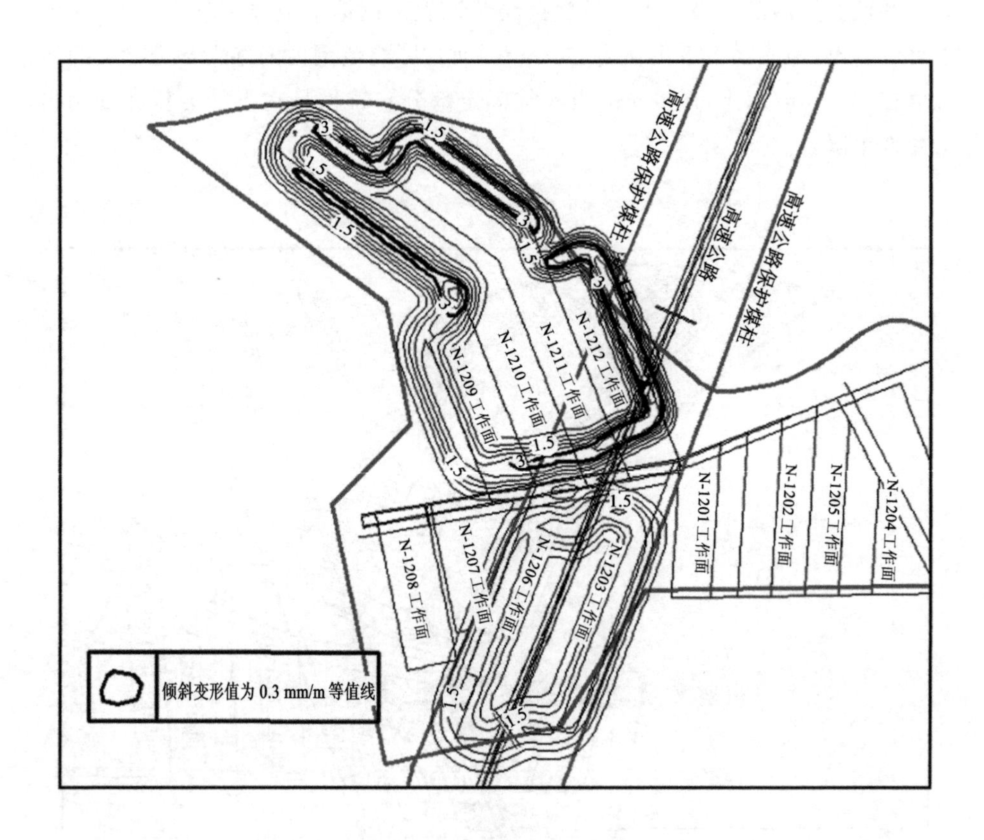

图6-6　全采后地表倾斜变形值等值线

6.3.2.3　曲率变形

图6-7为6个工作面开采后引起的地表曲率变形值等值线。影响范围内最大曲率变形为0.13×10^{-3}/m，远小于确定的允许上限。

6.3.2.4　水平变形

最大水平变形为2.6 mm/m(图6-8)，超过了允许的上限2.0 mm/m，但仅在N-1212工作面的左下角和右下角的小范围内出现。左下角超限部分远离保护煤柱，对高速公路不产生影响；但右下角超限区域恰好位于高速公路通过的

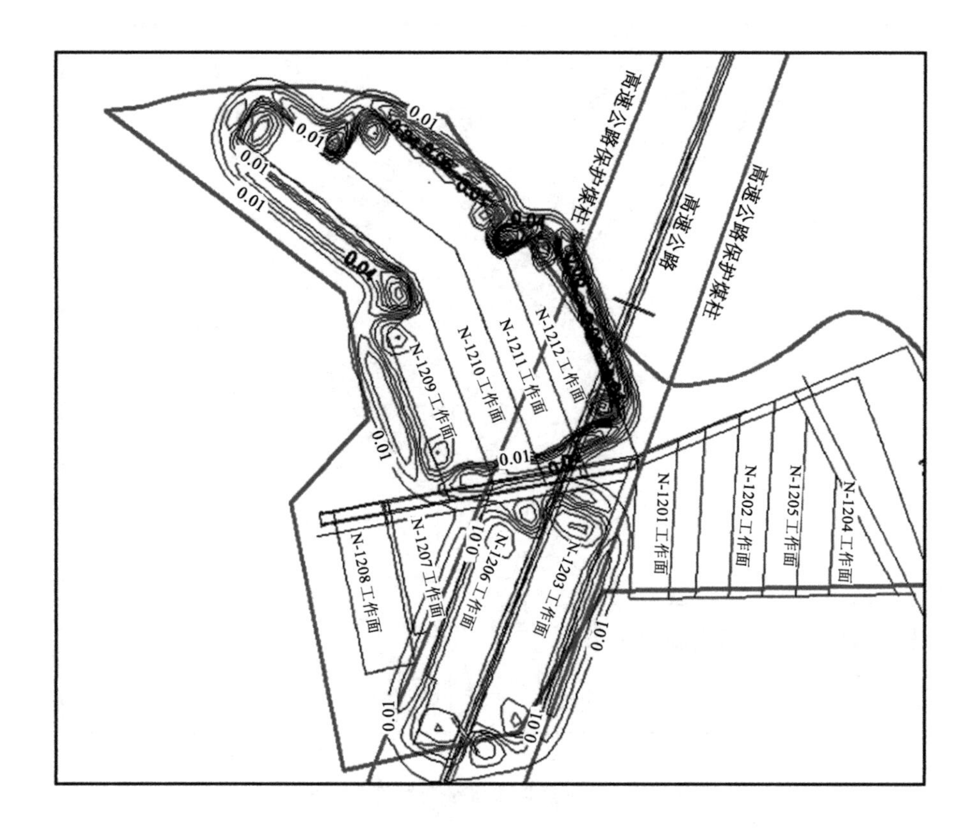

图 6-7　全采后地表曲率变形值等值线

位置。

由以上分析可知，按该工作面设计，开采后除曲率变形在允许的范围内之外，地表下沉、倾斜变形和水平变形都超过了允许的上限，将对高速公路的安全运行构成威胁。因此，应对该方案设计进行局部调整以保证高速公路的安全使用。

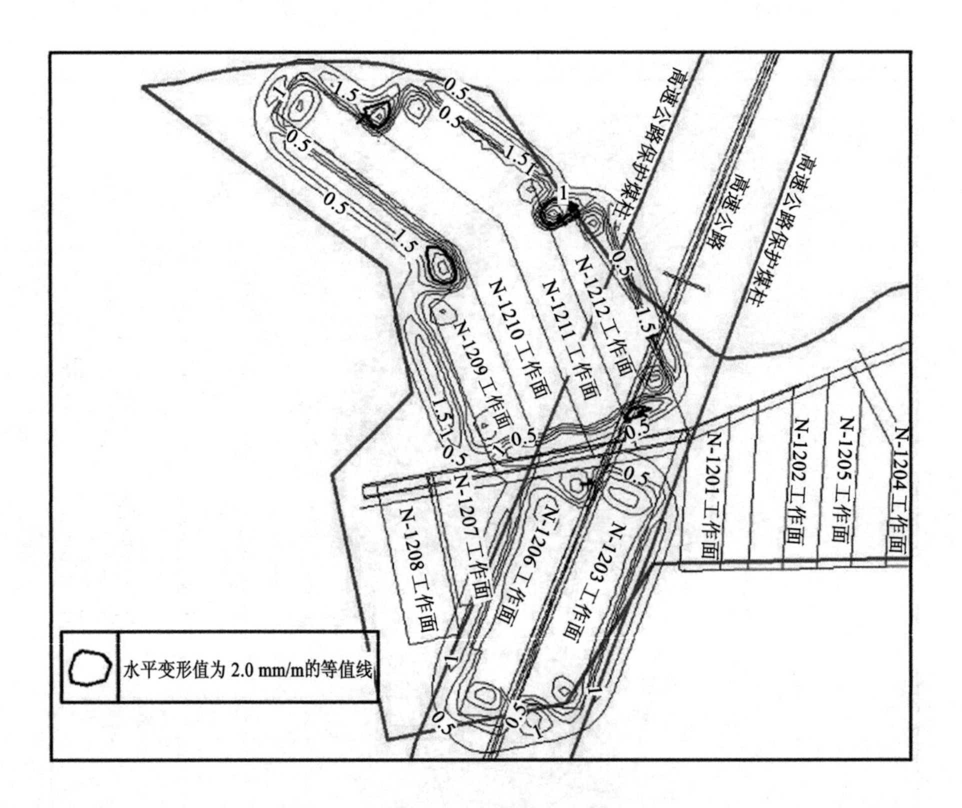

图 6-8　全采后地表水平变形值等值线

6.4　开采方案调整及地表变形预测预警

从原有方案预测预警的结果可以看出，上部工作面组（N-1209 工作面、N-1210工作面、N-1211 工作面和 N-1212 工作面）与下部工作面组（N-1205 工作面和 N-1206 工作面）被中间的采区上山分成两个部分，而且中间部分在原有的开采方案已经不超标。上部工作面组主要涉及的是倾斜变形值和水平变形值超标，下部工作面组主要是下部桥台处的下沉值超标。要调整的位置距离采区上山很远，而且调整后是为了减小各变形值，所以采区上山位置的变形值只能减小不会增大，则在新的设计方案中为能更准确地分析各个位置的变形变化。将上下两部分工作面组分别进行调整分析，考虑到预测预警的误差和实际生产的突发情况，调整后的预测预警结果极限值与高速公路和桥台至少有 20 m 的安全距离。

6.4.1 上部工作面组开采方案设计

为保证高速公路安全运行而且还能最大限度地回收资源，经过理论分析采用留煤柱和调整停采线的方案是可行的，由前文分析可以得出变形破坏主要影响的是 N-1211 工作面和 N-1212 工作面。通过反复试算和分析得出降低 N-1211 工作面和 N-1212 工作面的等效采高要小于 0.245 m 才能保证公路的破坏变形在一级标准以内，在保持已有的充填体压缩率和顶底板移近量的情况下，此时的欠接顶高度为0.110 m，而 N-1211 工作面和 N-1212 工作面都是走向工作面，充填过程中的欠接顶高度是 0.317 m，要想将欠接顶高度降低到 0.110 m 实现困难极大，很难实现。所以降低等效采高控制破坏标准在一级范围之内是不可行的。故只能通过采取留煤柱方式，来控制地表变形破坏，N-1211 工作面和 N-1212工作面的停采线分别距离高速公路在煤层投影 11 m，此办法将损失煤量 1.75 万 t。最新设计的停采线位置如图 6-9 所示。

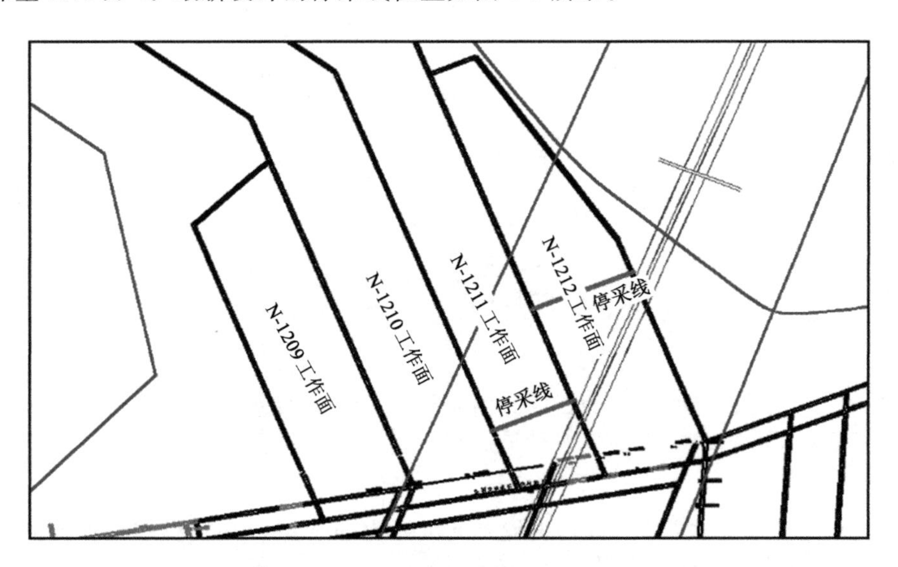

图 6-9 上部工作面组最新开采方案

在预测预警方案可行时其等效采高不变，仍然是原有开采方案的 0.445 m。改变的参数只有工作面的推进长度，N-1212 工作面减少为 401 m，N-1211 工作面减少为 607 m，N-1209 工作面和 N-1210 工作面不做调整。

6.4.2 上部工作面组最新开采方案地表变形预测预警

根据已有的预测预警原则、预测预警参数，对似膏体充填法开采时地表移动变形进行预测预警。得出 4 个工作面全采后地表移动变形等值线，将其与井上下对照图相互叠加，得出地表下沉值等值线图（图 6-10）、地表倾斜变形值等值线图（图 6-11）、地表曲率变形值等值线图（图 6-12）、地表水平变形等值线图（图 6-13）。

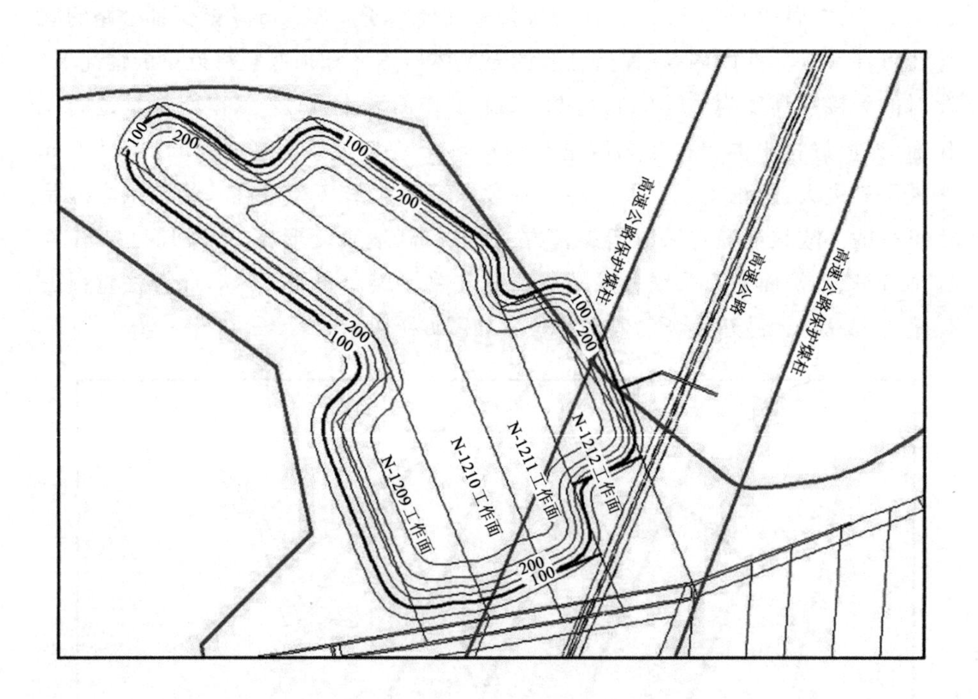

图 6-10　调整方案后上部工作面组下沉值等值线

6.4.2.1　地表下沉

从图 6-10 中可以看出，地表最大下沉值为 300 mm，而且影响范围内的绝大部分区域的下沉值在 100 mm 以上（图 6-10 中粗实线圈定部分），在桥台处没有超出允许上限，下沉 100 mm 的等值线距离桥台最近距离为 92.5 m，此距离大于 20 m 的安全距离。

6.4.2.2　倾斜变形

绘制倾斜变形值等值线如图 6-11 所示。最大倾斜变形值为 4.0 mm/m，超出了已确定的允许范围上限。但超限的位置不是高速公路所通过的位置，倾斜值为 3.0 mm/m 的等值线距离高速公路 20 m。

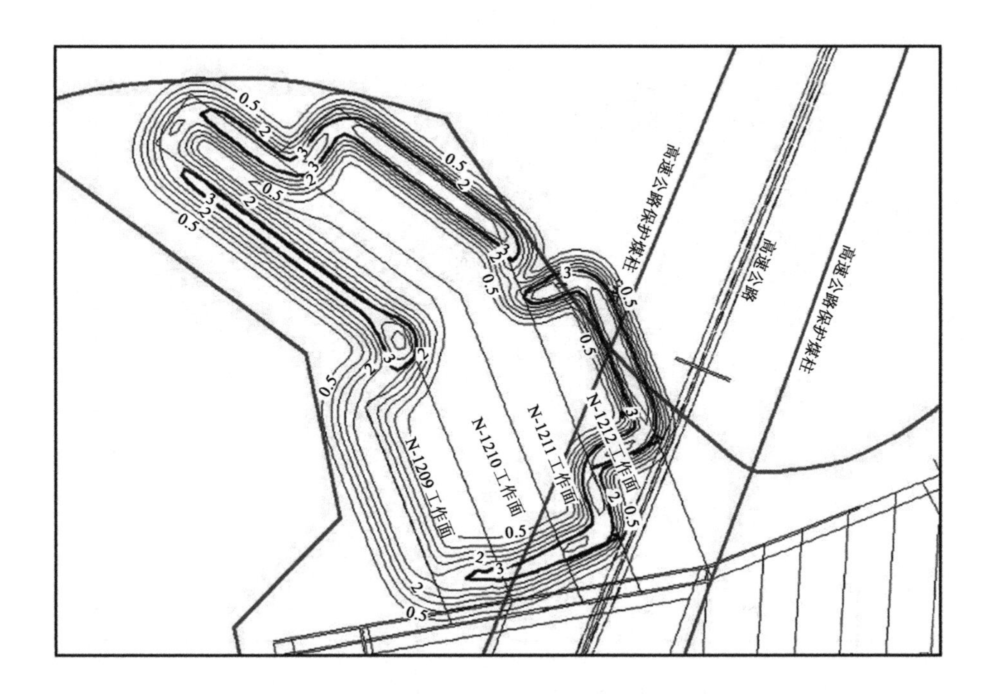

图 6-11　调整方案后上部工作面组倾斜变形值等值线

6.4.2.3　曲率变形

图 6-12 为开采后引起的地表曲率变形值等值线。影响范围内最大曲率变形值为 0.13×10^{-3}/m，远小于确定的允许上限。

6.4.2.4　水平变形

最大水平变形值为 2.3 mm/m（图 6-13），超过了允许的上限 2.0 mm/m，但超限位置不是高速公路所通过的位置，曲率变形值为 2.0 mm/m 的等值线距离高速公路的最近距离为 37 m。

从以上等值线图中可以看出，调整后的方案符合安全开采的标准。高速公路所在位置的最大变形值都没有超标，而且极限值的等值线距离高速公路和桥台的距离都大于等于 20 m。

6.4.3　下部工作面组开采方案设计

矿方的开采方案下部工作面组的倾斜变形值、曲率变形值和水平变形值都没有超过一级保护标准，公路能够保证安全运行。只有下部桥台处下沉值超过了 100 mm，超过了桥台的保护标准，经分析桥台处的下沉值要保证在 100 mm 以内必须控制等效采高在小于 0.139 m 范围之内，当等效采高是 0.139 m 时欠

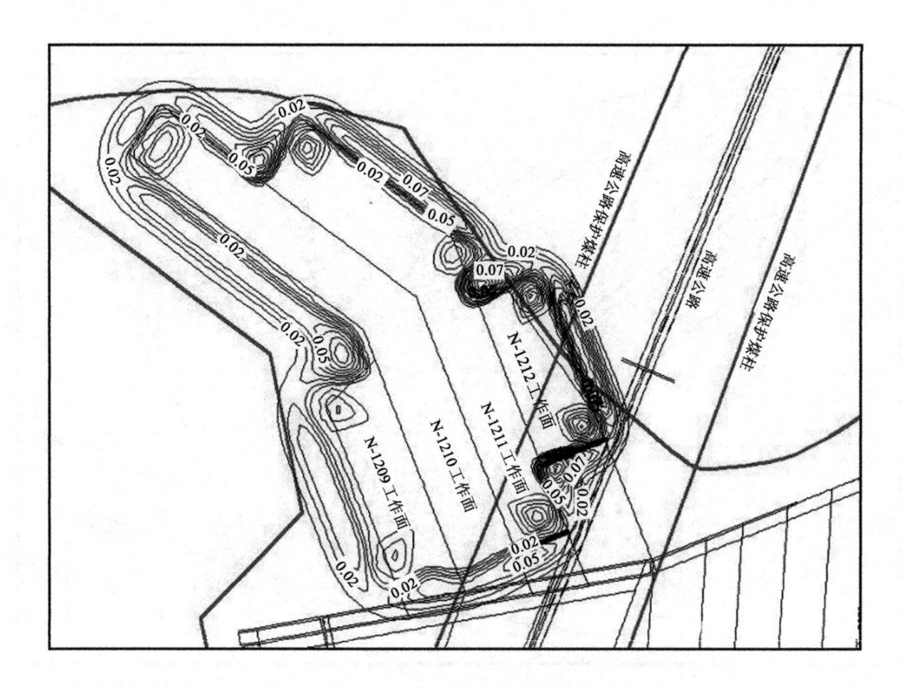

图 6-12　调整方案后上部工作面组曲率变形值等值线

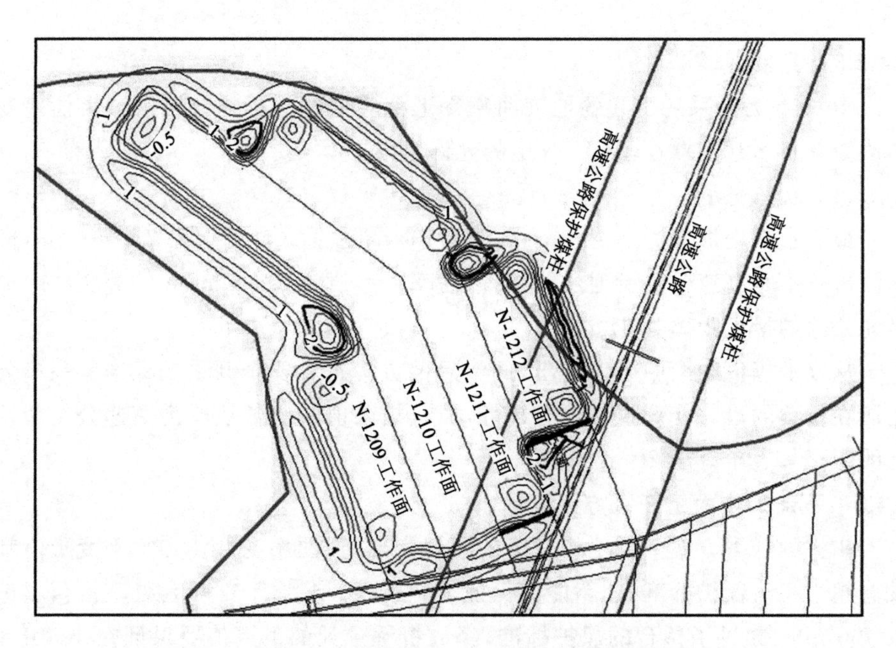

图 6-13　调整方案后上部工作面组水平变形值等值线

接顶高度经计算为－0.000 4 m，降低等效采高的方案不可行。所以在下部工作面组的开采方案必须采取移动开切眼，避开桥台位置，调整后开切眼位置如图 6-14 所示。

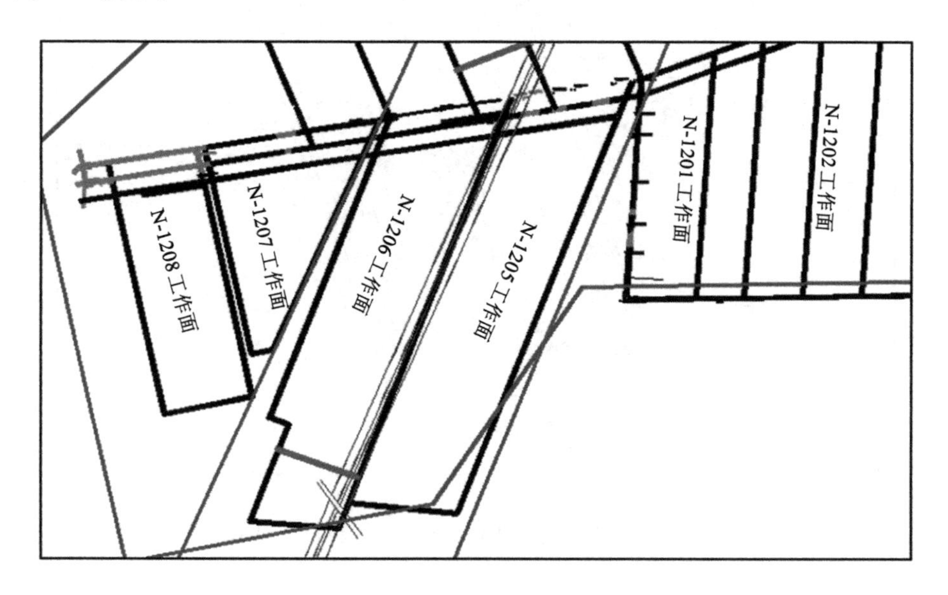

图 6-14 下部工作面组最新开采方案

6.4.4 下部工作面组最新开采方案地表变形预测预警

根据已有的预测预警原则、预测预警参数，对似膏体充填法开采时地表移动变形进行了预测预警。得出 5 个工作面全采后地表移动变形等值线，将其与井上下对照图相互叠加，得出地表下沉值等值线图（图 6-15）、地表倾斜变形值等值线图（图 6-16）、地表曲率变形值等值线图（图 6-17）、地表水平变形值等值线图（图 6-18）。

6.4.4.1 地表下沉

从图 6-15 中可以看出，地表最大下沉值为 280 mm，而且影响范围内的绝大部分区域的下沉值在 100 mm 以上（图 6-15 中粗实线圈定部分），在桥台处没有超出允许上限，下沉 100 mm 的等值线距离桥台的最近距离为 20 m，满足设定的安全距离。

6.4.4.2 倾斜变形

绘制倾斜变形值等值线如图 6-16 所示，最大倾斜变形值为 2.7 mm/m，小于倾斜值的极限值。

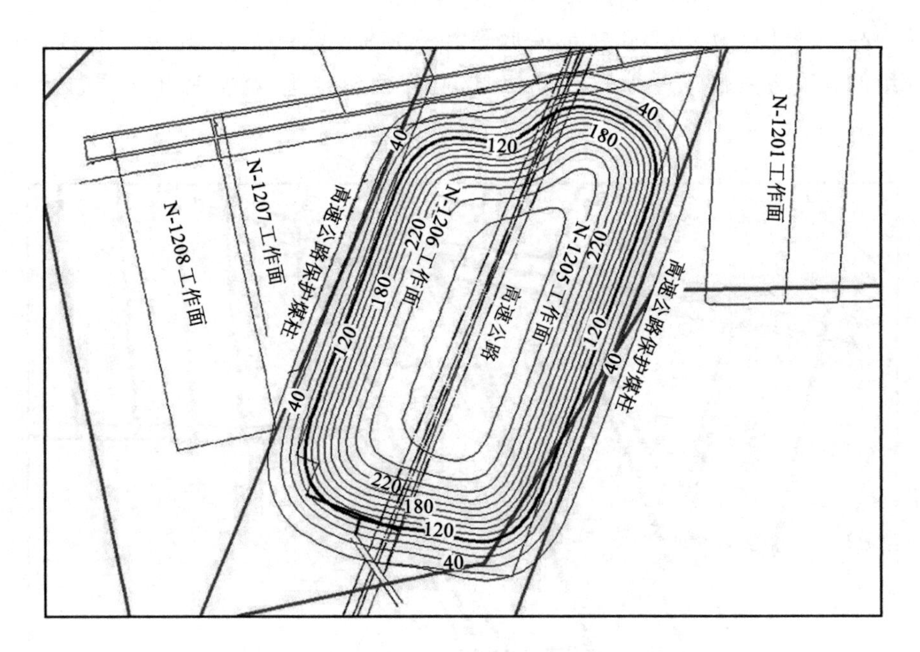

图 6-15　调整方案后下部工作面组下沉值等值线

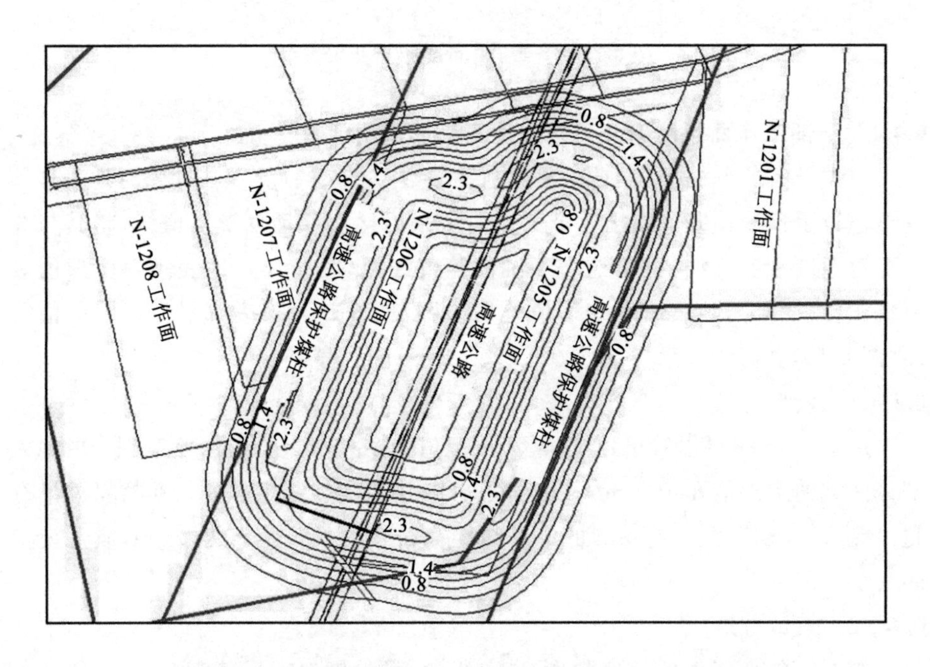

图 6-16　调整方案后下部工作面组倾斜变形值等值线

6.4.4.3 曲率变形

绘制曲率变形值等值线如图 6-17 所示，最大曲率变形值为 0.05×10^{-3}/m，小于曲率变形值的极限值。

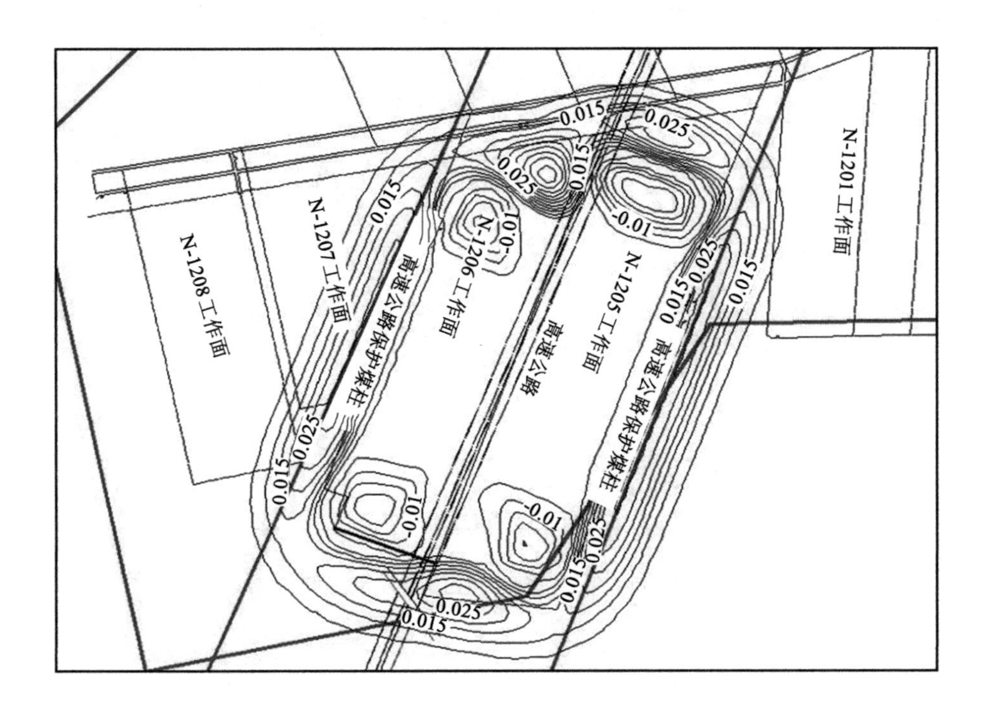

图 6-17 调整方案后下部工作面组曲率变形值等值线

6.4.4.4 水平变形

绘制水平变形值等值线如图 6-18 所示，最大水平变形值为 1.8 mm/m，小于水平变形值的极限值。

从以上等值线图中可以看出，调整后的方案符合安全开采的标准。高速公路所在位置的最大变形值都没有超标，而且极限值的等值线距离高速公路和桥台的距离都大于等于 20 m。

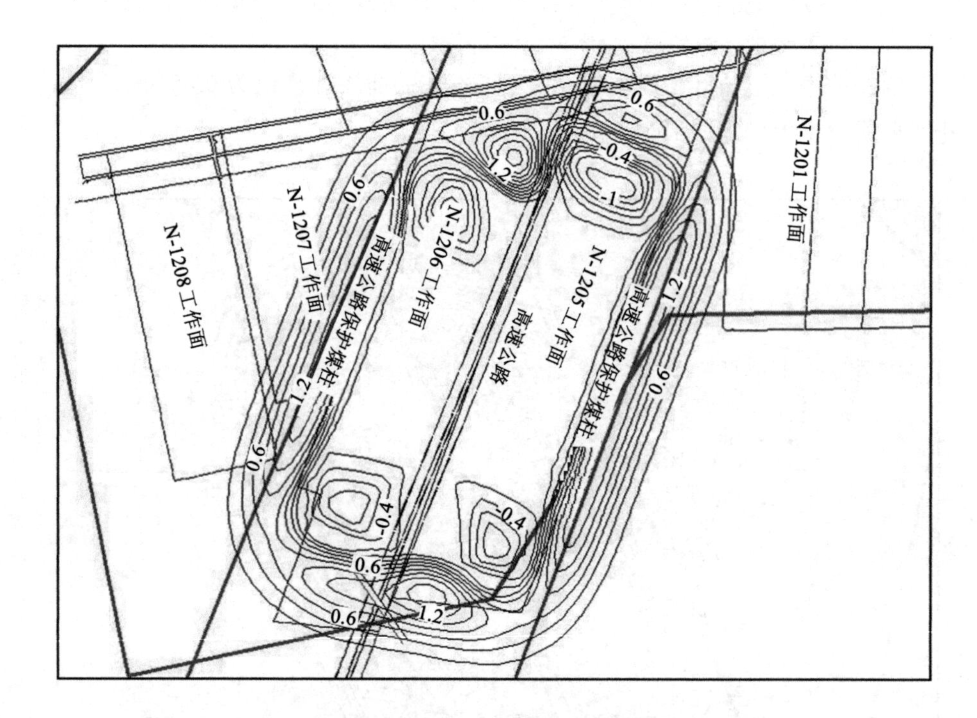

图 6-18 调整方案后下部工作面组水平变形值等值线

7 研究成果

通过理论分析、力学模型分析、数学模型分析、计算机编程语言等方法对“三下”开采的预测预警关键理论和技术进行了研究，得到如下结论：

① 基于概率积分法，采用数学模型理论分析的方法对概率积分法进行了丰富和发展，构建了多工作面复杂开采条件下地表沉陷预测预警方法。应用计算机编程语言开发了地表沉陷预测预警分析系统，构建了库区地理信息管理系统，实现了安全状态下井工开采地表沉陷预测预警、采后模型直观显现和分析，丰富完善了地表沉陷预测预警理论、算法和分析软件系统。

② 基于本书提出的预测预警方法和开发的分析系统，应用库区地理信息管理系统对水库下大平煤矿多工作面协调开采库底沉陷及水量运移规律进行预测预警分析，得到不同开采阶段的地表沉陷和变形，综合分析不同开采阶段的库区水位变化和运移状态。基于此对库区下各个工作面开采计划进行调整，提出基于库区水位运移的协调开采计划，实现了库区下工作面最大限度避开水下开采的目标。

③ 基于本书提出的预测预警方法和开发的分析系统，对村庄下冠山煤矿井下上下层位关系的0901工作面和1001工作面不同开采顺序和条件的地表沉陷进行预测预警，并将预测预警结果可视化，并与村庄地理信息复合后比对分析，得到地表沉陷全部变形值均在一级保护标准范围内。

④ 基于本书提出的预测预警方法和开发的分析系统，对村庄下常村煤矿S5-12工作面垮落法开采条件下地表沉陷进行预测预警分析，得到垮落法开采地表沉陷未达到一级保护标准，分析确定了确保地表变形在一级保护标准范围之内工作面回采方案为部分充填开采，并反演得到矸石充满率为65.8%。

⑤ 基于本书提出的预测预警方法和开发的分析系统，对高速公路下西马煤矿6个工作面全采后的地表沉陷进行预测预警，并将结果可视化，与公路地理信息复合后对比分析，公路范围内地表沉陷值超过了一级保护标准，对现有开采方案进行优化，最终在调整停采线的条件下实现了地表沉陷全部达到一级保护标准的要求。

参考文献

[1] PALCHIK V.Formation of fractured zones in overburden due to longwall mining[J].Environmental geology,2003,44:28-38.

[2] GUO W B,ZOU Y F,HOU Q L.Fractured zone height of longwall mining and its effects on the overburden aquifers[J]. International journal of mining science and technology,2012,22(5):603-606.

[3] BOOTH C J.Groundwater as an environmental constraint of longwall coal mining[J].RMZ/materials and geoenvironment,2003,50(1):49-52.

[4] BOOTH C J, BERTSCH L P. Groundwater geochemistry in shallow aquifers above longwall mines in Illinois,USA[J].Hydrogeology journal, 1999,7(6):561-575.

[5] LI Y,PENG S S,ZHANG J W.Impact of longwall mining on groundwater above the longwall panel in shallow coal seams[J]. Journal of rock mechanics and geotechnical engineering,2015,7(3):298-305.

[6] PALCHIK V.Influence of physical characteristics of weak rock mass on height of caved zone over abandoned subsurface coal mines [J]. Environmental geology,2002,42:92-101.

[7] PALCHIK V. Localization of mining-induced horizontal fractures along rock layer interfaces in overburden:field measurements and prediction[J]. Environmental geology,2005,48:68-80.

[8] KRATZSCH H.Mining subsidence engineering[J].Environmental geology and water sciences,2006,8(3):133-136.

[9] BOOTH C J,SPANDE E D.Potentiometric and aquifer property changes above subsiding longwall mine panels,Illinois Basin Coalfield[J].Ground water:journal of ground water,1992,30(3):362-368.

[10] 吴立新,王金庄,赵学胜,等.Strata and surface subsidence control in strip-partial mining under buildings[J].Journal of China University of Mining and Technology,1994(2):74-85.

[11] BOOTH C J.Strata-movement concepts and the hydrogeological impact of underground coal mining[J].Groundwater,1986,24(4):507-515.

[12] ASTON T R C,SINGH R N,WHITTAKER B N,et al.The effect of test cavity geology on the in situ permeability of coal measures strata associated with longwall mining[J]. International journal of mine water, 1983,2:19-34.

[13] LIU J, ELSWORTH D. Three-dimensional effects of hydraulic conductivity enhancement and desaturation around mined panels[J].International journal of rock mechanics and mining sciences,1997,34(8):1139-1152.

[14] DAI H Y,REN L Y,WANG M,et al.Water distribution extracted from mining subsidence area using Kriging interpolation algorithm [J]. Transactions of nonferrous metals society of China,2011,21:s723-s726.

[15] 马立强,张东升,刘玉德,等.薄基岩浅埋煤层保水开采技术研究[J].湖南科技大学学报(自然科学版),2008,23(1):1-5.

[16] 题正义,秦洪岩,李洋.本质安全型矿井的模糊综合评价[J].矿冶工程,2012,32(z1):480-482.

[17] 黄炳香,刘锋,王云祥,等.采场顶板尖灭隐伏逆断层区导水裂隙发育特征[J].采矿与安全工程学报,2010,27(3):377-381.

[18] 黄炳香,刘长友,许家林.采场小断层对导水裂隙高度的影响[J].煤炭学报,2009,34(10):1316-1321.

[19] 苏仲杰.采动覆岩离层变形机理研究[D].阜新:辽宁工程技术大学,2002.

[20] 黄炳香,刘长友,许家林.采动覆岩破断裂隙的贯通度研究[J].中国矿业大学学报,2010,39(1):45-49.

[21] 克拉茨 H.采动损害及其防护[M].马伟民,王金庄,王绍林,译.北京:煤炭工业出版社,1984.

[22] 蔡嗣经.充填采矿技术的应用现状及发展方向:第六届国际充填采矿大会述评[J].国外金属矿山,1998(6):25-32.

[23] 朱秀梅.充填技术在采矿实践中的前景探究[J].中小企业管理与科技(上旬刊),2010(11):245-246.

[24] 张玉卓,陈立良.村庄下采煤的理论基础:地表沉陷预测与控制[J].煤炭科学技术,1998,26(4):39-42.

[25] 黄乐亭,王金庄.地表动态沉陷变形的 3 个阶段与变形速度的研究[J].煤炭学报,2006,31(4):420-424.

[26] 沙拉蒙 M D G.地下工程的岩石力学:第三届国际岩石力学会议报告[M].

田良灿，连志昇，译.北京：冶金工业出版社，1982.
[27] 萨武斯托维奇 A.地下开采对地表的影响[M].林国厦，译.北京：煤炭工业出版社，1959.
[28] 张炜.覆岩采动裂隙及其含水性的氡气地表探测机理研究[D].徐州：中国矿业大学，2012.
[29] 汪华君，姜福兴，成云海，等.覆岩导水裂隙带高度的微地震(MS)监测研究[J].煤炭工程，2006(3)：74-76.
[30] 王志刚.覆岩主关键层对导水裂隙演化影响的研究[D].徐州：中国矿业大学，2008.
[31] 许家林，王晓振，刘文涛，等.覆岩主关键层位置对导水裂隙带高度的影响[J].岩石力学与工程学报，2009，28(2)：380-385.
[32] 题正义，秦洪岩，李树兴.矸石充填的压实特性试验分析[J].水资源与水工程学报，2012，23(4)：129-131.
[33] 王有俊.矸石直接充填及其效益分析[J].辽宁工程技术大学学报，2003，22(S1)：70-71.
[34] 李剑.含水层下矸石充填采煤覆岩导水裂隙演化机理及控制研究[D].徐州：中国矿业大学，2013.
[35] 袁亮，刘泽功.淮南矿区开采煤层顶板抽放瓦斯技术的研究[J].煤炭学报，2003，28(2)：149-152.
[36] 周爱民.基于工业生态学的矿山充填模式与技术[D].长沙：中南大学，2004.
[37] 许家林，朱卫兵，王晓振.基于关键层位置的导水裂隙带高度预计方法[J].煤炭学报，2012，37(5)：762-769.
[38] 王广.基于旺采充填采煤法的覆岩导水裂隙发育规律[D].徐州：中国矿业大学，2015.
[39] 刘书贤.急倾斜多煤层开采地表移动规律模拟研究[D].北京：煤炭科学研究总院，2005.
[40] 刘德贵.急倾斜近距离复杂煤层保护层开采的实践[J].矿业安全与环保，2005，32(1)：66-67.
[41] 杨帆.急倾斜煤层采动覆岩移动模式及机理研究[D].阜新：辽宁工程技术大学，2006.
[42] 吴立新，王金庄，刘延安，等.建(构)筑物下压煤条带开采理论与实践[M].徐州：中国矿业大学出版社，1994.
[43] 崔希民，张兵，彭超.建筑物采动损害评价研究现状与进展[J].煤炭学报，2015，40(8)：1718-1728.

[44] 周国铨,崔继宪,刘广容.建筑物下采煤[M].北京:煤炭工业出版社,1983.
[45] 谭志祥,邓喀中.建筑物下采煤理论与实践[M].徐州:中国矿业大学出版社,2009.
[46] 张兵,崔希民,赵玉玲.开采沉陷动态预计理论方法及应用[M].北京:应急管理出版社,2021.
[47] 邓喀中,马伟民.开采沉陷模拟计算中的层面效应[J].矿山测量,1996(4):39-44,30,48.
[48] 邓喀中,马伟民.开采沉陷中的层面滑移三维模型[J].岩土工程学报,1997,19(5):30-36.
[49] 邓喀中,马伟民,何国清.开采沉陷中的层面效应研究[J].煤炭学报,1995,20(4):380-384.
[50] 邓喀中,马伟民.开采沉陷中的岩体节理效应[J].岩石力学与工程学报,1996,15(4):345-352.
[51] 刘泽功,袁亮,戴广龙,等.开采煤层顶板环形裂隙圈内走向长钻孔法抽放瓦斯研究[J].中国工程科学,2004,6(5):32-38.
[52] 邹友峰,邓喀中,马伟民.矿山开采沉陷工程[M].徐州:中国矿业大学出版社,2003.
[53] 何国清,杨伦,凌赓娣,等.矿山开采沉陷学[M].徐州:中国矿业大学出版社,1991.
[54] 郭广礼,查剑锋.矿山开采沉陷学[M].徐州:中国矿业大学出版社,2020.
[55] 鲍莱茨基 M,胡戴克 M.矿山岩体力学[M].于振海,刘天泉,译.北京:煤炭工业出版社,1985.
[56] 兰玉海,李青松,张鹏翔,等.林华煤矿 9～#煤层瓦斯基础参数测试及赋存规律研究[J].煤炭技术,2014,33(10):1-3.
[57] 崔希民,许家林,缪协兴,等.潞安矿区综放与分层开采岩层移动的相似材料模拟试验研究[J].实验力学,1999,14(3):402-406.
[58] 马亚杰,武强,章之燕,等.煤层开采顶板导水裂隙带高度预测研究[J].煤炭科学技术,2008,36(5):59-62.
[59] 刘林.煤层群多重保护层开采防突技术的研究[J].矿业安全与环保,2001,28(5):1-4.
[60] 煤炭科学研究院北京开采研究所.煤矿地表移动与覆岩破坏规律及其应用[M].北京:煤炭工业出版社,1981.
[61] 阿威尔辛 С Г.煤矿地下开采的岩层移动[M].北京:煤炭工业出版社,1959.
[62] 崔希民,邓喀中.煤矿开采沉陷预计理论与方法研究评述[J].煤炭科学技

术,2017,45(1):160-169.
[63] 钱鸣高,许家林,缪协兴.煤矿绿色开采技术[J].中国矿业大学学报,2003(4):5-10.
[64] 王勇迅,李匀庆.盘江矿区“三下”采煤技术现状及展望[J].煤炭科学技术,2002,30(3):1-5.
[65] 金志远.浅埋近距煤层重复扰动区覆岩导水裂隙发育规律及其控制[D].徐州:中国矿业大学,2015.
[66] 马立强,张东升,乔京利,等.浅埋煤层采动覆岩导水通道分布特征试验研究[J].辽宁工程技术大学学报(自然科学版),2008,27(5):649-652.
[67] 刘生优.软弱覆岩强含水层下综放开采覆岩运移规律及水砂防控技术研究[D].徐州:中国矿业大学,2017.
[68] 宋振骐,郝建,张学朋,等.实用矿山压力控制[M].北京:应急管理出版社,2021.
[69] 周建保,齐胜春,王占川.太平煤矿膏体绿色充填开采技术实践[J].山东煤炭科技,2009(3):23-24.
[70] 范学理,刘文生.条带法开采控制地表沉陷的新探讨[J].阜新矿业学院学报(自然科学版),1992,11(2):20-25.
[71] 白矛,刘天泉.条带法开采中条带尺寸的研究[J].煤炭学报,1983(4):19-26.
[72] 刘天泉.我国“三下”采煤技术的现状及发展趋势[J].煤炭科学技术,1984(10):24-28.
[73] 余学义,李邦帮,李瑞斌,等.西部巨厚湿陷性黄土层开采损害程度分析[J].中国矿业大学学报,2008,37(1):43-47.
[74] 孙亚军,徐智敏,董青红.小浪底水库下采煤导水裂隙发育监测与模拟研究[J].岩石力学与工程学报,2009,28(2):238-245.
[75] 钱鸣高,缪协兴,许家林,等.岩层控制的关键层理论[M].徐州:中国矿业大学出版社,2000.
[76] 许家林,钱鸣高.岩层控制关键层理论的应用研究与实践[J].中国矿业,2001,10(6):54-56.
[77] 钱鸣高,缪协兴,许家林.岩层控制中的关键层理论研究[J].煤炭学报,1996,21(3):225-230.
[78] 郭文兵,邓喀中,邹友峰.岩层与地表移动控制技术的研究现状及展望[J].中国安全科学学报,2005,15(1):6-10.
[79] 张炜,张东升,马立强,等.一种氡气地表探测覆岩采动裂隙综合试验系统研制与应用[J].岩石力学与工程学报,2011,30(12):2531-2539.

[80] 胡振琪,龙精华,张瑞娅,等.中国东北多煤层老矿区采煤沉陷地损毁特征与复垦规划[J].农业工程学报,2017,33(5):238-247.
[81] 缪协兴,钱鸣高.中国煤炭资源绿色开采研究现状与展望[J].采矿与安全工程学报,2009,26(1):1-14.
[82] 张炜,张东升,胡文敏,等.中深部煤层开采条件下氡气探测应用初步探索[J].采矿与安全工程学报,2017,34(5):1008-1014.
[83] 胡小娟,李文平,曹丁涛,等.综采导水裂隙带多因素影响指标研究与高度预计[J].煤炭学报,2012,37(4):613-620.
[84] 杨贵.综放开采导水裂隙带高度及预测方法研究[D].青岛:山东科技大学,2004.
[85] 赵洪亮.综放开采地表移动变形规律FLAC数值模拟与实践[J].煤炭工程,2009(4):89-91.
[86] 戴露,谭海樵,胡戈.综放开采条件下导水裂隙带发育规律探测[J].煤矿安全,2009,40(3):90-92.
[87] 陈荣华,白海波,冯梅梅.综放面覆岩导水裂隙带高度的确定[J].采矿与安全工程学报,2006,23(2):220-223.